コーチと入試対策！ 8日間 完成

中学1・2年の総まとめ

理科

◀ この本のコーチ
・健康に気をつけている。
・きれい好き。
・気になることはすぐ調べる。

付録
● 応援日めくり

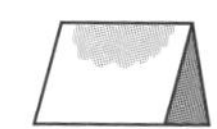

0日目 コーチとの出会い

部活がたのしすぎて1年生も2年生も定期テストの前の日しか勉強してこなかったんだ! 終わったら終わったで見直しもしないまま遊びに行って部活ばかり! 春休みも冬休みも部活遊びブカツアソビ BUKATSUASOBI...
入試なんて...

ハァハァ
やあ！
…トレーニングしてたら…
…悩める…
…きみたちを….
みつけ…
う…うさぎ
しゃべってる!?
わぉ
なわとび？

ぜいぜい
息おちつくまで
ちょっとまって
それがいいよ…
ウン
ウン
そろ…

ゴクゴク
MYスムージー

復活っ
シャキーン

テッテレー
のびーる耳!?
8days
コーチと入試対策!
8日間 完成
中学1・2年の
総まとめ
理科
きみたちに
これ
あげるっ!!

コーチと入試対策！
8日間完成
中学1・2年の総まとめ
理科？
耳がのびても動じない2人…

ハチッ
8日間！
そう！たった8日間で
コーチのぼくと一緒に
中学1,2年の理科を総まとめ
できちゃう本だよ!!
んー
そんなうまい話…あるかな…?

そのヒミツは…?
あ
先
いってるねー！
ビュン

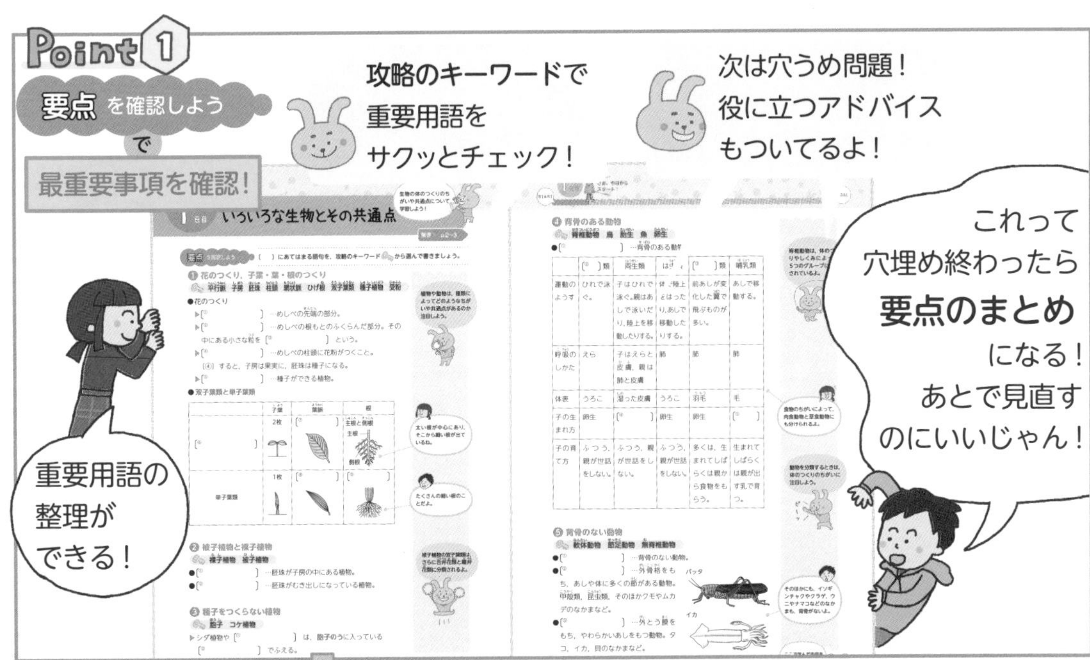
Point 1
要点 を確認しよう
で
最重要事項を確認！
攻略のキーワードで
重要用語を
サクッとチェック！
次は穴うめ問題！
役に立つアドバイス
もついてるよ！
これって
穴埋め終わったら
要点のまとめ
になる！
あとで見直す
のにいいじゃん！
重要用語の
整理が
できる！

Point 2
問題 を解こう
で
実力チェック！
時間をはかって100点
満点のテストにチャレンジ！
ゴクリ
テーマ別に
4ページ ×8日間！
すっきり頭に
入っちゃうヨ！
あの～
問題集の解答解説
てさ，ポイントが
書いてなくて
イマイチ納得
できないときが
あるんだけど…。
ウン
ウン
わかる――
Point 3
縮刷解答で答え合わせの
モヤモヤをすっきり解決！
かんたんに答え合わ
せができるよ！
うれしい
ここにも
解説がある…
なんて
くわしいんだ！
Point 4
点数を
記録して
弱点を発見！
ふりかえり
シート
もあるよ！
チラリ

おさらい

1日4ページ

1日目〜8日目

要点を確認しよう　問題を解こう

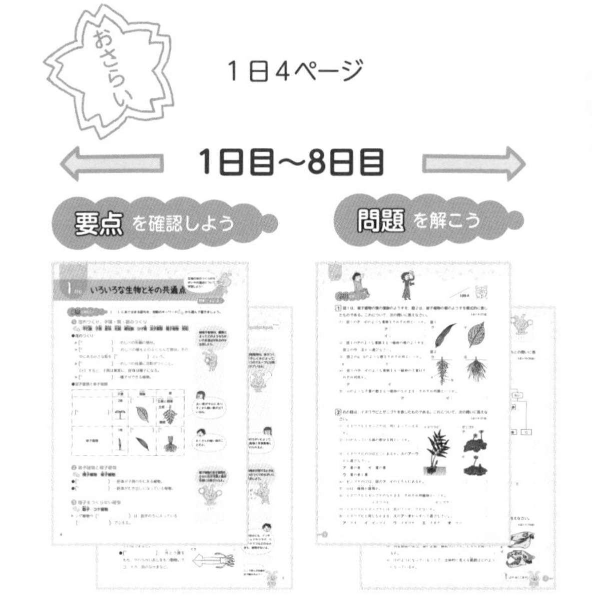

巻末には
「図で確認しよう」
重要事項をチェック!

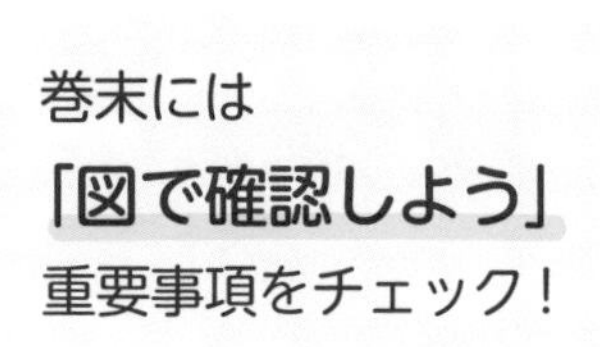

その日のうちに
「応援日めくり」
で毎日テスト!

「ふりかえりシート」
で苦手を把握!

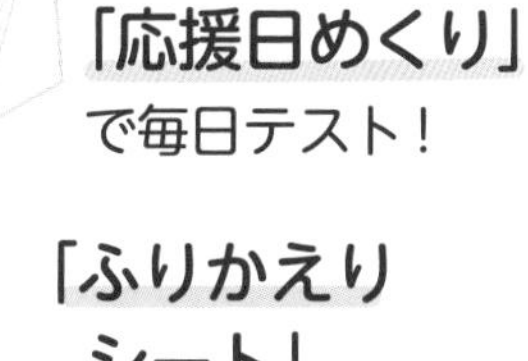

1日目 いろいろな生物とその共通点

生物の体のつくりのちがいや共通点について学習しよう！

解答＞ p.2～3

要点を確認しよう 〔　　〕にあてはまる語句を，攻略のキーワードから選んで書きましょう。

① 花のつくり，子葉・葉・根のつくり

平行脈　子房　胚珠　柱頭　網状脈　ひげ根　双子葉類　種子植物　受粉

●花のつくり

▶〔①　　　　〕…めしべの先端の部分。

▶〔②　　　　〕…めしべの根もとのふくらんだ部分。その中にある小さな粒を〔③　　　　〕という。

▶〔④　　　　〕…めしべの柱頭に花粉がつくこと。〔④〕すると，子房は果実に，胚珠は種子になる。

▶〔⑤　　　　〕…種子ができる植物。

●双子葉類と単子葉類

	子葉	葉脈	根
〔⑥　　　　〕	2枚	〔⑦　　　　〕	主根と側根（主根／側根）
単子葉類	1枚	〔⑧　　　　〕	〔⑨　　　　〕

植物や動物は，種類によってどのようなちがいや共通点があるのか注目しよう。

太い根が中心にあり，そこから細い根が出ているね。

たくさんの細い根のことだよ。

② 被子植物と裸子植物

裸子植物　被子植物

●〔①　　　　〕…胚珠が子房の中にある植物。

●〔②　　　　〕…胚珠がむき出しになっている植物。

被子植物の双子葉類は，さらに合弁花類と離弁花類に分類されるよ。

③ 種子をつくらない植物

胞子　コケ植物

▶シダ植物や〔①　　　　〕は，**胞子のう**に入っている〔②　　　　〕でふえる。

④ 背骨のある動物

脊椎動物　鳥　胎生　魚　卵生

●〔①　　　　　　　　〕…背骨のある動物。

	〔②　〕類	両生類	は虫類	〔③　　〕類	哺乳類
運動のようす	ひれで泳ぐ。	子はひれで泳ぐ。親はあしで泳いだり，陸上を移動したりする。	体で陸上をはったり，あしで移動したりする。	前あしが変化した翼で飛ぶものが多い。	あしで移動する。
呼吸のしかた	えら	子はえらと皮膚，親は肺と皮膚	肺	肺	肺
体表	うろこ	湿った皮膚	うろこ	羽毛	毛
子の生まれ方	卵生	〔④　　　　〕	卵生	卵生	〔⑤　　〕
子の育て方	ふつう，親が世話をしない。	ふつう，親が世話をしない。	ふつう，親が世話をしない。	多くは，生まれてしばらくは親から食物をもらう。	生まれてしばらくは親が出す乳で育つ。

脊椎動物は，体のつくりやしくみによって，5つのグループに分類されているよ。

食物のちがいによって，肉食動物と草食動物にも分けられるよ。

動物を分類するときは，体のつくりのちがいに注目しよう。

⑤ 背骨のない動物

軟体動物　節足動物　無脊椎動物

●〔①　　　　　　　　〕…背骨のない動物。

●〔②　　　　　　　　〕…外骨格をもち，あしや体に多くの節がある動物。甲殻類，昆虫類，そのほかクモやムカデのなかまなど。

●〔③　　　　　　　　〕…外とう膜をもち，やわらかいあしをもつ動物。タコ，イカ，貝のなかまなど。

バッタ

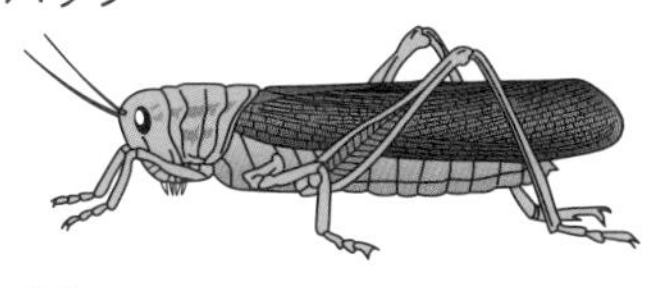

イカ

そのほかにも，イソギンチャクやクラゲ，ウニやナマコなどのなかまも，背骨がないよ。

ここで学んだ内容を次で確かめよう！

問題を解こう

100点

1 図1は，被子植物の葉の葉脈のようすを，図2は，被子植物の根のようすを模式的に表したものである。これについて，次の問いに答えなさい。

3点×9（27点）

⑴　図1の㋐，㋑のような葉脈をそれぞれ何というか。

㋐（　　　　　　）
㋑（　　　　　　）

⑵　図1の㋐のような葉脈をもつ植物の根のようすを，図2の㋒，㋓から選びなさい。（　　　）

⑶　図2のa，bのような根をそれぞれ何というか。

a（　　　　　　）　b（　　　　　　）

⑷　図1の㋐，㋑のような葉脈をもつ植物の子葉はそれぞれ何枚か。

㋐（　　　　　　）　㋑（　　　　　　）

図1

㋐　㋑

図2

㋒　㋓

a　b

⑸　⑷のような子葉の数をもつ植物のなかまを，それぞれ何類というか。

㋐（　　　　　　）　㋑（　　　　　　）

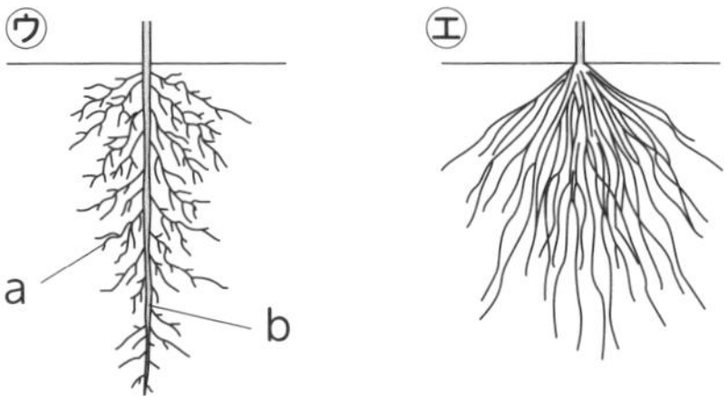

2 右の図は，イヌワラビとゼニゴケを表したものである。これについて，次の問いに答えなさい。

3点×9（27点）

⑴　イヌワラビとゼニゴケは，何によってふえるか。（　　　　　　）

⑵　⑴が入っている体の部分を何というか。

（　　　　　　）

⑶　イヌワラビの⑵はどこにあるか。次の**ア**～**ウ**から選びなさい。（　　　）

ア　葉の表　　**イ**　葉の裏

ウ　葉の表と裏

イヌワラビ

ゼニゴケ

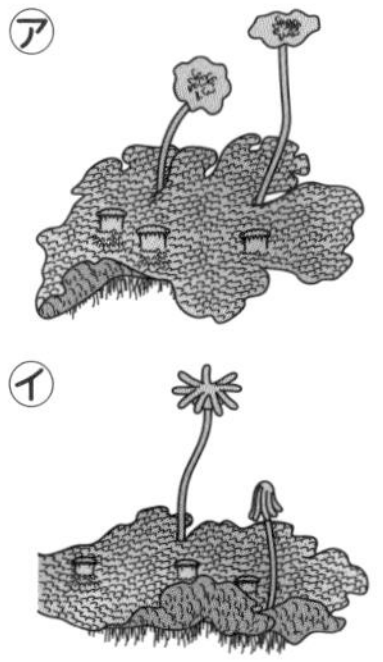

㋐

㋑

⑷　ゼニゴケの⑵は，図の㋐，㋑のどちらにあるか。（　　　）

⑸　⑷は，雌株（めかぶ）か雄株（おかぶ）か。（　　　）

⑹　イヌワラビとゼニゴケのなかまを，それぞれ何植物というか。

イヌワラビ（　　　　　　）　ゼニゴケ（　　　　　　）

⑺　イヌワラビとゼニゴケには，花がさくか，さかないか。（　　　）

⑻　イヌワラビと同じなかまを，次の**ア**～**オ**からすべて選びなさい。（　　　）

ア　スギ　**イ**　ゼンマイ　**ウ**　スギゴケ　**エ**　スギナ　**オ**　マツ

3の問題は，どのような観点で分類されているか注目しよう。4の問題では，草食動物と肉食動物の頭骨について考えよう。それぞれの食物によって，歯の形や目のつき方がちがっているよ。

3 下の図は，さまざまな観点で動物を分類したものである。これについて，あとの問いに答えなさい。

3点×10(30点)

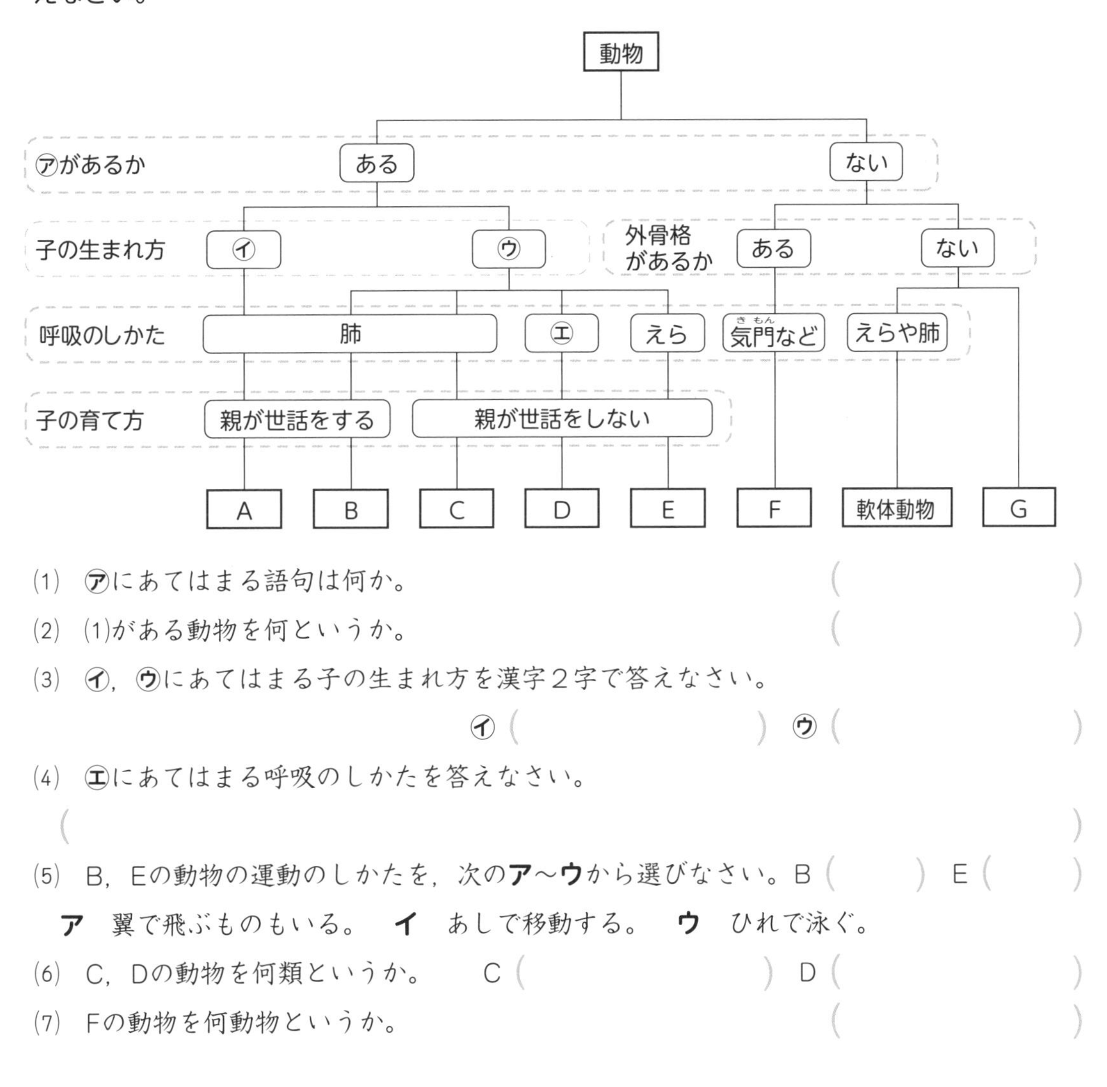

(1) ㋐にあてはまる語句は何か。　(　　　　)

(2) (1)がある動物を何というか。　(　　　　)

(3) ㋑，㋒にあてはまる子の生まれ方を漢字２字で答えなさい。

㋑(　　　　)　㋒(　　　　)

(4) ㋓にあてはまる呼吸のしかたを答えなさい。

(　　　　)

(5) B，Eの動物の運動のしかたを，次の**ア**～**ウ**から選びなさい。B(　　)　E(　　)

ア　翼で飛ぶものもいる。　**イ**　あしで移動する。　**ウ**　ひれで泳ぐ。

(6) C，Dの動物を何類というか。　C(　　　　)　D(　　　　)

(7) Fの動物を何動物というか。　(　　　　)

4 右の図は，哺乳類の頭骨を表したものである。これについて，次の問いに答えなさい。

4点×4(16点)

(1) ㋐に発達しているaの歯を何というか。(　　　　)

(2) 肉食動物は，㋐，㋑のどちらか。　(　　　　)

(3) 肉食動物の目は，顔の正面，横向きのうち，どちらを向いているか。　(　　　　)

(4) (3)のようになっていることで，立体的に見える範囲はどのようになっているか。(　　　　)

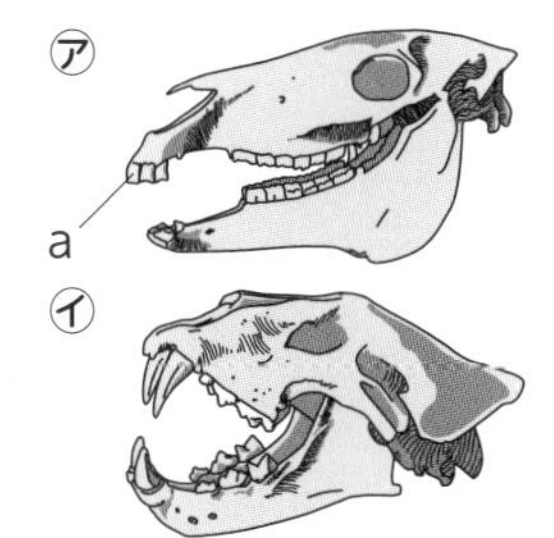

2日目 身のまわりの物質

いろいろな物質のもつ特有の性質について学習しよう！

解答＞ p.4〜5

要点を確認しよう 〔　〕にあてはまる語句を，攻略のキーワードから選んで書きましょう。

1 いろいろな物質

金属　無機物　非金属　密度　有機物

加熱したときのようすなど，それぞれの物質の性質のちがいに注目しよう。

● **有機物と無機物**

▶〔①　　　　　〕…炭素をふくむ物質。

▶〔②　　　　　〕…〔①〕以外の物質。

● **金属と非金属**

▶〔③　　　　　〕…(1)みがくと光る（金属光沢）。(2)たたくとうすく広がり（展性），引っ張ると細くのびる（延性）。(3)電流が流れやすく，熱が伝わりやすい。

▶〔④　　　　　〕…〔③〕でない物質。

●〔⑤　　　　　〕…物質の一定の体積（$1\,cm^3$）あたりの質量。

$$〔⑤〕〔g/cm^3〕 = \frac{物質の質量〔g〕}{物質の体積〔cm^3〕}$$

密度は物質の種類ごとに決まっているよ。

2 気体の発生と性質

二酸化炭素　下方置換法　酸素　上方置換法　水上置換法

● **気体の性質**

▶〔①　　　　　〕…ものを燃やすはたらき（助燃性）がある。うすい過酸化水素水を二酸化マンガンに加えると発生する。

▶〔②　　　　　〕…石灰水を白くにごらせる。石灰石にうすい塩酸を加えたり，有機物を燃やすと発生する。

二酸化炭素には，石灰水を白くにごらせる性質があることは，よく出題されるので覚えておこう。

● **気体の集め方**

〔③　　　〕	〔④　　　〕	〔⑤　　　〕
水にとけにくい気体が集められる。	水にとけやすく，空気より密度が大きい気体が集められる。	水にとけやすく，空気より密度が小さい気体が集められる。

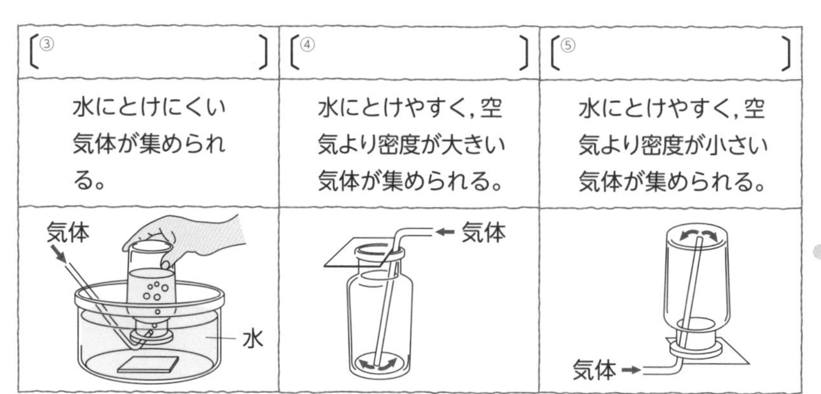

水にとけやすい気体を水上置換法で集めると，水にとけてしまうね。

❸ 物質の状態変化

🔑 蒸留（じょうりゅう）　融点（ゆうてん）　状態変化（じょうたいへんか）　純粋な物質（じゅんすい）　沸点（ふってん）　混合物（こんごうぶつ）

●〔①　　　　　　　　〕…物質の状態が「固体⟷液体⟷気体」と変わること。

●**沸点と融点**

▶〔②　　　　　　　　〕…液体が沸騰（ふっとう）して気体に変化するときの温度。

▶〔③　　　　　　　　〕…固体が液体に変化するときの温度。

●**純粋な物質と混合物**

▶〔④　　　　　　　　〕…１種類の物質からできているもの。

▶〔⑤　　　　　　　　〕…２種類以上の物質が混ざっているもの。

●〔⑥　　　　　　　　〕…液体を沸騰させてできた気体を冷やして，再び液体にして集める方法。

物質の状態が変化するとき，体積はどうなるか注目しよう。

混合物の融点や沸点は，決まった温度にならないね。

❹ 水溶液の性質

🔑 溶質（ようしつ）　溶液（ようえき）　溶解度（ようかいど）　質量パーセント濃度（しつりょう のうど）　溶媒（ようばい）　飽和水溶液（ほうわすいようえき）　再結晶（さいけっしょう）　飽和

●**溶質，溶媒，溶液**

▶〔①　　　　　　　　〕…液体にとけている物質。

▶〔②　　　　　　　　〕…溶質をとかしている液体。

▶〔③　　　　　　　　〕…溶質が溶媒にとけた液全体。溶媒が水の〔③〕を**水溶液**という。

砂糖水は，溶質が砂糖で，溶媒が水だよ。

●**溶解度と再結晶**

▶〔④　　　　　　　　〕…一定量（100g）の水にとける物質の最大の質量。

▶〔⑤　　　　　　　　〕…物質が〔④〕までとけている状態。このときの水溶液を〔⑥　　　　　　　　〕という。

▶〔⑦　　　　　　　　〕…一度溶媒にとかした固体の物質を再び結晶としてとり出すこと。

●〔⑧　　　　　　　　〕…溶液の質量に対する溶質の質量の割合を百分率（%）で表した濃度。

$$〔⑧〕〔\%〕=\frac{〔①〕の質量〔g〕}{溶液の質量〔g〕}\times 100$$

$$=\frac{〔①〕の質量〔g〕}{〔②〕の質量+〔①〕の質量〔g〕}\times 100$$

質量パーセント濃度の計算問題にチャレンジしよう。

問題を解こう

1 次のような手順で実験を行った。これについて，あとの問いに答えなさい。 4点×5（20点）

手順1　図1のように，A（砂糖），B（食塩），C（デンプン）を燃焼（ねんしょう）さじにとってそれぞれ加熱し，燃えたものは集気びんに入れてふたをした。
手順2　火が消えたらとり出し，図2のように，集気（しゅうき）びんに石灰水を入れ，ふたをして振（ふ）った。

図1

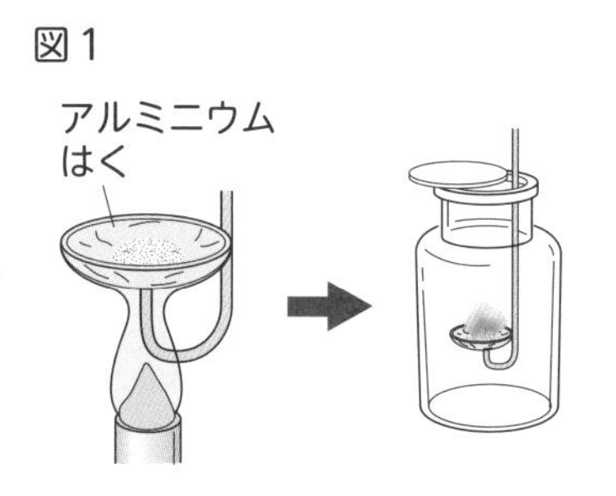

図2

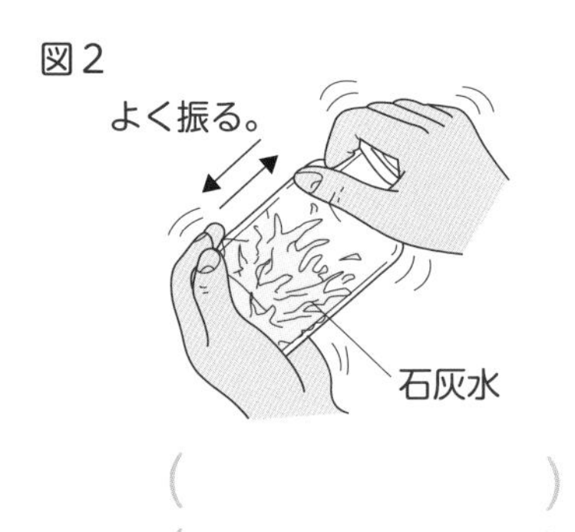

(1)　手順1で，燃えなかったものはどれか。A～Cから選びなさい。（　　　）

(2)　手順2で，白くにごったものはどれか。A～Cからすべて選びなさい。（　　　）

(3)　手順2で，石灰水を白くにごらせた気体は何か。（　　　）

(4)　燃えたときに，(3)の気体が発生する物質を何というか。（　　　）

(5)　(4)以外の物質を何というか。（　　　）

2 右の図のような装置（そうち）を使って，気体を発生させた。これについて，次の問いに答えなさい。 4点×5（20点）

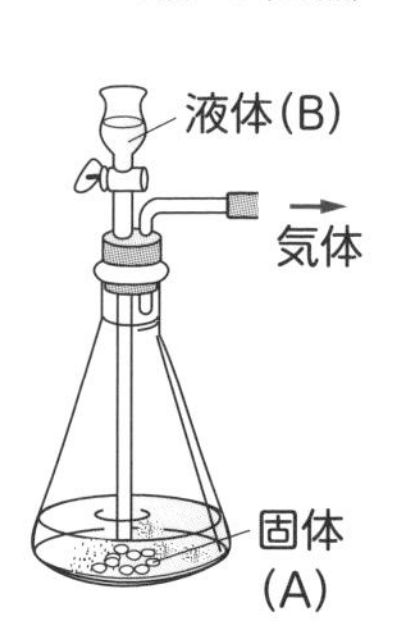

(1)　Aに石灰石，Bにうすい塩酸を用いると，何という気体が発生するか。（　　　）

(2)　Aに二酸化マンガン，Bにうすい過酸化水素水（オキシドール）を用いると，何という気体が発生するか。（　　　）

(3)　(1)，(2)で発生する気体を集めるとき，どちらの気体にも適した集め方は，次の㋐～㋒のどれか。（　　　）

㋐
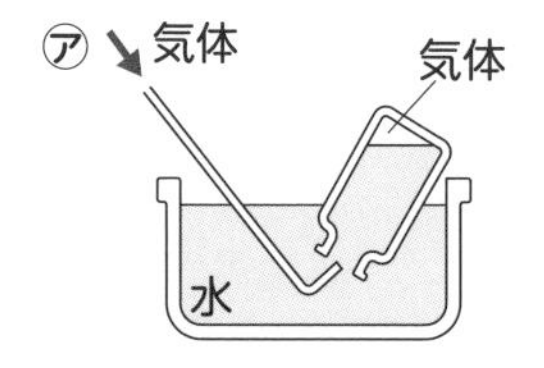

㋑
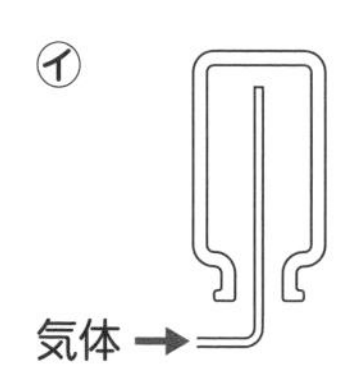

㋒
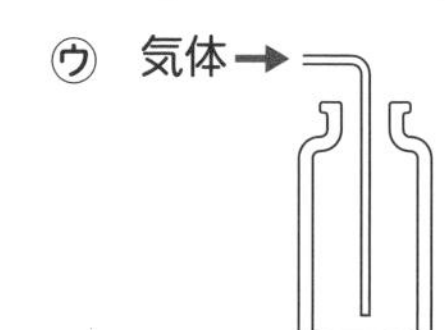

(4)　(3)の集め方を何というか。（　　　）

(5)　(4)の方法で集めることができる気体には，どのような性質があるか。
（　　　）

④の問題は，表の数値を見ると，その温度の水にとける硝酸カリウムの最大の質量がわかるよ。温度を下げれば，とけきれなくなった質量の硝酸カリウムが出てくるね。

3 右の図のような装置で赤ワインを加熱して沸騰させ，出てきた気体を冷やして，3本の試験管㋐，㋑，㋒の順に液体を集めた。これについて，次の問いに答えなさい。 4点×5（20点）

(1) 図のAは，急な沸騰を防ぐためにフラスコに入れる。これを何というか。 (　　　　)

(2) この実験では，火を消す前にゴム管の先を試験管の中の液体からぬいておく必要がある。それはなぜか。
(　　　　　　　　)

(3) 赤ワインは水とエタノールの混合物である。沸点が高いのは水，エタノールのどちらか。(　　　　)

(4) エタノールのにおいが最も強く感じられたのは，試験管㋐～㋒のどれか。 (　　　　)

温度計
枝つきフラスコ
ゴム管
㋐
㋑㋒
A
水

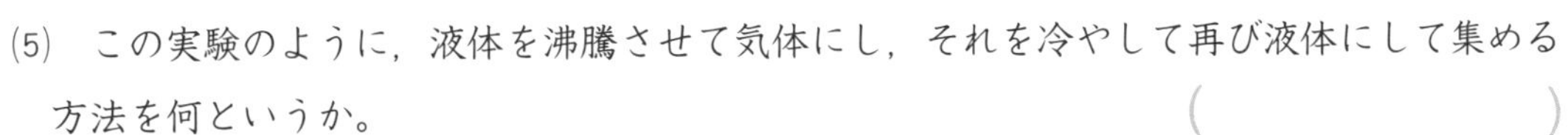

(5) この実験のように，液体を沸騰させて気体にし，それを冷やして再び液体にして集める方法を何というか。 (　　　　)

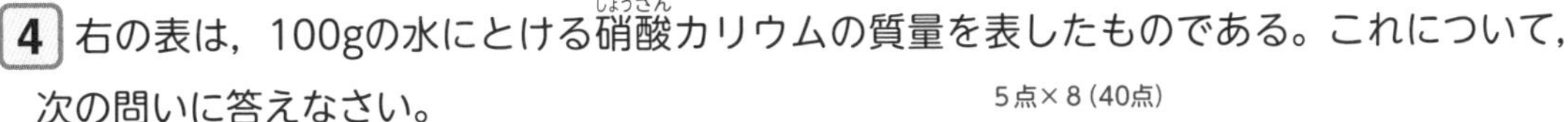

4 右の表は，100gの水にとける硝酸（しょうさん）カリウムの質量を表したものである。これについて，次の問いに答えなさい。 5点×8（40点）

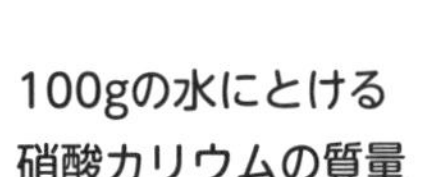

100gの水にとける硝酸カリウムの質量

水の温度〔℃〕	硝酸カリウムの質量〔g〕
0	13.3
20	31.6
40	63.9
60	109.2
80	168.8

(1) 硝酸カリウム水溶液における溶媒と溶質はそれぞれ何か。
溶媒 (　　　　) 溶質 (　　　　)

(2) 表から，80℃の水100gに，硝酸カリウムは最大何gまでとけることがわかるか。 (　　　　)

(3) (2)の質量までとかした水溶液を何というか。 (　　　　)

(4) 80℃の水100gに，硝酸カリウムをとけるだけとかして，硝酸カリウム水溶液をつくった。この水溶液の質量パーセント濃度は何%か。小数第1位を四捨五入して答えなさい。 (　　　　)

(5) (4)の水溶液を40℃まで冷やすと，何gの硝酸カリウムの結晶が得られるか。 (　　　　)

(6) (5)のように，一度とかした物質を再び結晶としてとり出すことを何というか。 (　　　　)

(7) 硝酸カリウムの結晶はどのような形をしているか。右の㋐～㋒から選びなさい。 (　　　　)

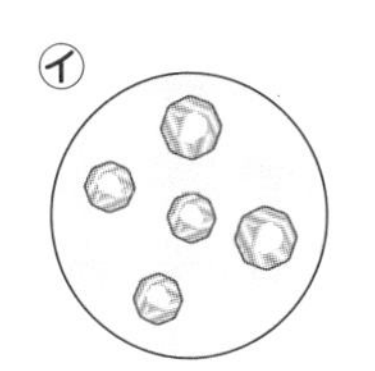

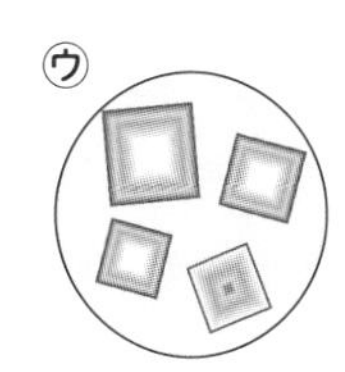

3日目 身のまわりの現象

光や音，力などの身近な物理現象について学習しよう！

解答 > p.6~7

要点を確認しよう 〔　〕にあてはまる語句を，攻略のキーワードから選んで書きましょう。

1 光の性質

光の反射　光の直進　全反射　乱反射　光の屈折　反射の法則

- 〔①　　　　〕…光がまっすぐに進むこと。
- 〔②　　　　〕…光が物体の表面ではね返る現象。
  - ▶光が反射するとき入射角と反射角の大きさが等しくなることを〔③　　　　〕という。
  - ▶〔④　　　　〕…凸凹がある面で，光がいろいろな方向に反射する現象。

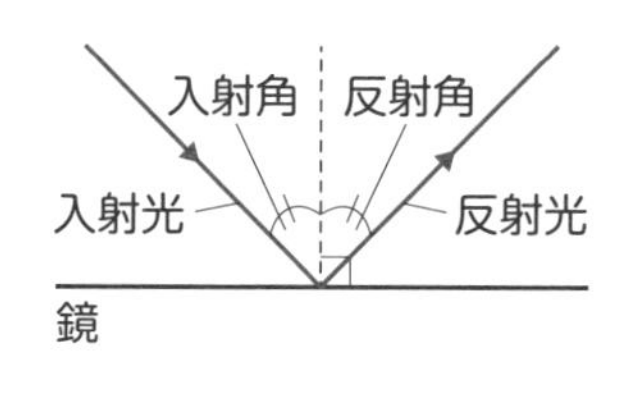

- 〔⑤　　　　〕…異なる透明の物質の境界面で光が折れ曲がり，進む向きが変わる現象。
  - ▶〔⑥　　　　〕…光が水やガラスから空気中に進むとき，光が屈折せず，境界面ですべての光が反射する現象。

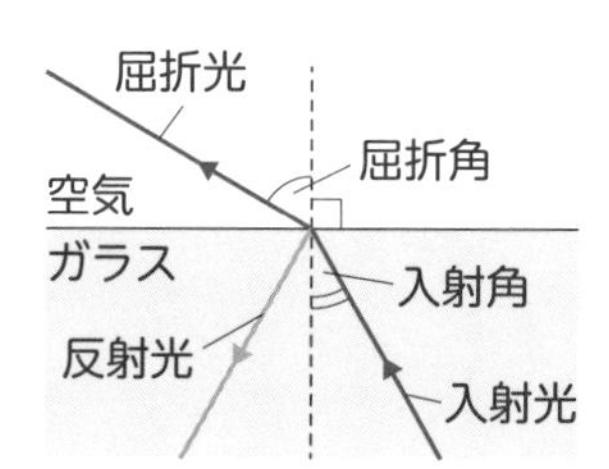

身のまわりの現象では，光の性質を最初に学ぶよ。光の進み方に注目しよう。

ガラスから空気中に入るときと，空気中からガラスに入るときとでは，光の道すじが逆になるよ。

2 凸レンズのはたらき

実像　虚像　焦点　焦点距離

- ▶〔①　　　　〕…光軸に平行な光が集まる点。
- ▶〔②　　　　〕…凸レンズの中心から焦点までの距離。
- ▶〔③　　　　〕…物体が焦点より遠くにあるとき，実際に光が集まってできる像。物体と上下左右が逆向きになる。

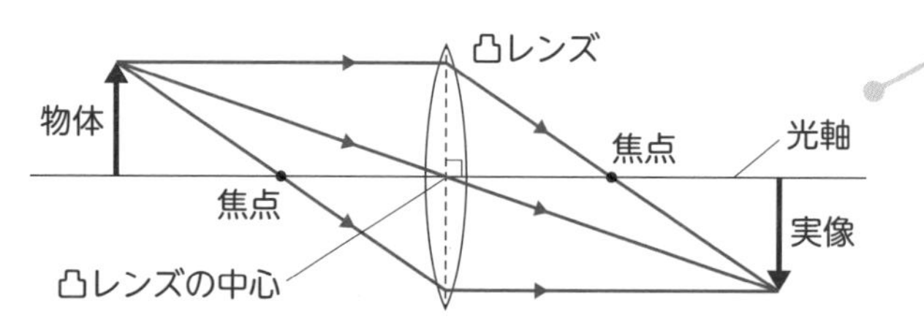

- ▶〔④　　　　〕…凸レンズを通った光が集まらず，凸レンズなどを通して見える像。物体と上下左右が同じ向きで，物体よりも大きい。

物体を凸レンズに近づけるほど，できる実像は大きくなるよ。

凸レンズを通る光の道すじの作図にチャレンジしよう。

③ 音の性質

振動数　340　音源　振幅　ヘルツ

●音の伝わり方

▶［①　　　　　　　　］…音を出している物体。

▶音が空気中を伝わる速さは約［②　　　　　　　　］m/s

●音の大きさや高さ

▶［③　　　　　　　　］…音源の振動の**振れ幅**。

▶［④　　　　　　　　］または周波数…音源などが１秒間に**振動する回数**。単位は［⑤　　　　　　　　］（Hz）。

小さい音（振幅㊛）⟺ 大きい音（振幅㊚）

振幅

時間

低い音（振動数㊛）⟺ 高い音（振動数㊚）

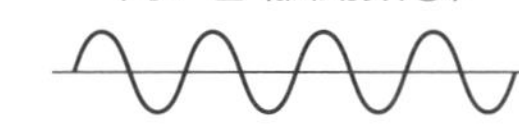

光の速さは約30万km/sで，音が伝わる速さの約88万倍もあるよ。花火が開くのが見えてから音が聞こえるまでに時間がかかるのは，そのせいだね。

太鼓を強い力でたたくと，大きい音が出るのは，音の振幅が大きくなるからなんだね。

④ 力のはたらき

重力　つり合っている　垂直抗力　質量　作用点　フックの法則

●力の表し方

▶力の３つの要素…［①　　　　　　　　］，力の向き，力の大きさ。１本の矢印で表される。

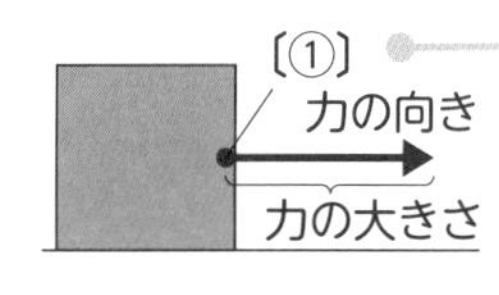

力を表す矢印は，力の3つの要素を矢印で表してるんだよ。

●［②　　　　　　　　］…**ばねののびは，ばねに加えた力の大きさに比例する**という関係。

●**重力と質量**

▶［③　　　　　　　　］…地球上の物体が地球の中心に向かって引かれる力。単位はニュートン（N）。

▶［④　　　　　　　　］…場所によって変わらない，物体そのものの量。単位は，グラム（g）やキログラム（kg）。

●力のつり合いの条件

１つの物体にはたらく２つの力の大きさが等しく，一直線上にあり，向きが反対のとき，２つの力は［⑤　　　　　　　　］。

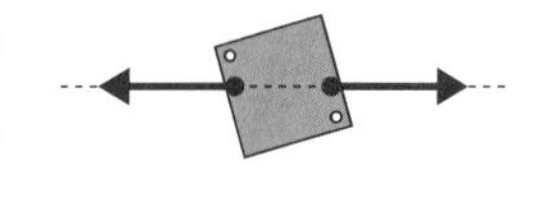

つり合う力の作図にもチャレンジしてみよう。

●［⑥　　　　　　　　］…ある面に物体を置いたとき，その面から物体に垂直に加わる力。水平面では，物体にはたらく重力とつり合う。

ここで学んだ内容を次で確かめよう！

問題を解こう

／100点

1 右の図のように，凸レンズの中心から8 cmの距離に物体を置いたところ，凸レンズからの距離が8 cmのところに置いたスクリーンに，物体と同じ大きさの像ができた。これについて，次の問いに答えなさい。

4点×6（24点）

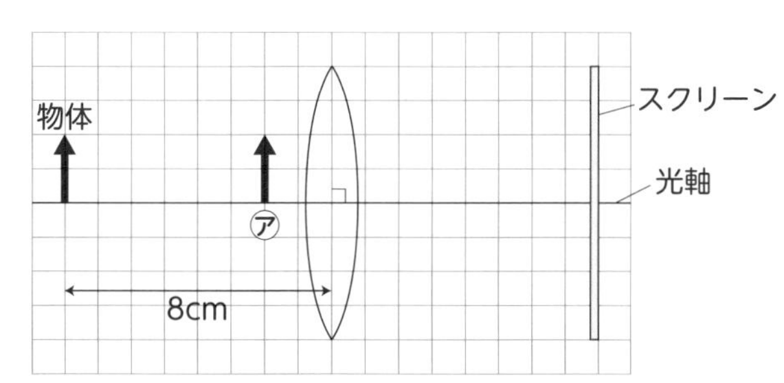

⑴　この凸レンズの焦点距離は何cmか。（　　　　）

⑵　物体を凸レンズに近づけ，スクリーンに像を映したとき，スクリーンの位置は，凸レンズに近くなるか，遠くなるか。（　　　　）

⑶　⑵のとき，スクリーンに映る像の大きさは，物体よりも大きいか，小さいか。（　　　　）

⑷　物体を焦点の位置に置くと，スクリーンに像はできるか。（　　　　）

⑸　物体の位置をⓐに動かすと，凸レンズを通して見える像の位置と大きさはどのようになるか。図に矢印でかきなさい。ただし，作図に用いた補助線（ほじょせん）を残しておくこと。

⑹　⑸のとき，凸レンズを通して見える像を何というか。（　　　　）

2 下の図のように，モノコードの弦（げん）をはじいて，音の大きさや高さについて調べた。これについて，あとの問いに答えなさい。

4点×8（32点）

図1

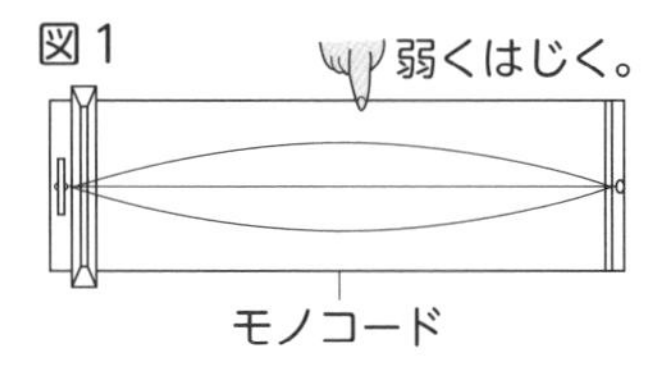

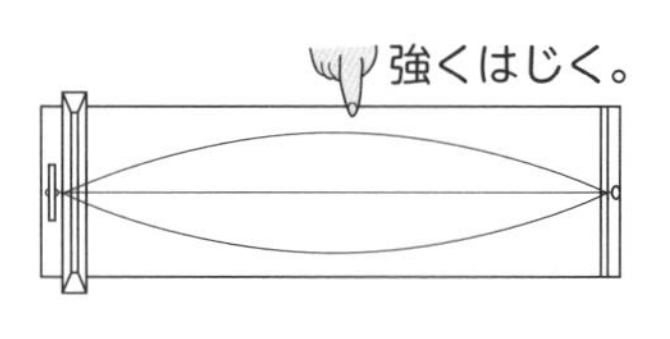

図2

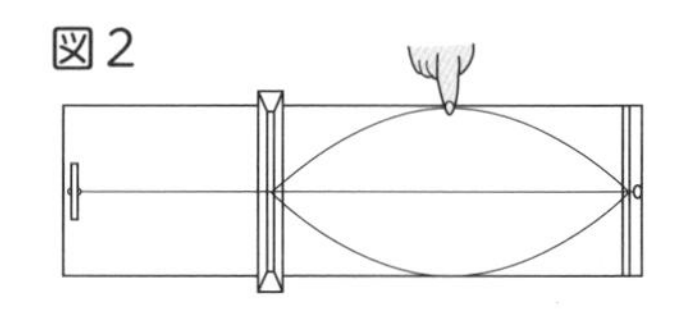

⑴　図1のように，弦を弱くはじくと，弦を強くはじいたときと比べて，音の大きさと高さはそれぞれどうなるか。　大きさ（　　　　）　高さ（　　　　）

⑵　弦の長さは図1のままで，弦の太さを細くして弦をはじくと，弦の太さが太いときと比べて，音の大きさと高さはそれぞれどうなるか。ただし，弦をはじく強さは図1と同じとする。　大きさ（　　　　）　高さ（　　　　）

⑶　図2のように，弦の長さを短くして弦をはじくと，弦が長いときと比べて，音の大きさと高さはそれぞれどうなるか。ただし，弦をはじく強さは図1と同じとする。

大きさ（　　　　）　高さ（　　　　）

⑷　音の大きさは，音源の何に関係しているか。（　　　　）

⑸　音の高さは，音源の何に関係しているか。（　　　　）

③の問題は，フックの法則から，ばねののびは加えた力の大きさに比例するよ。そこから，ばねを1cmのばすのに何Nの力が必要か計算しよう。

3 右の図のように，ばねに600gのおもりをつるしたところ，ばねののびは３cmになった。100gの物体にはたらく重力の大きさを１Nとし，ばねの質量は考えないものとして，次の問いに答えなさい。

4点×6（24点）

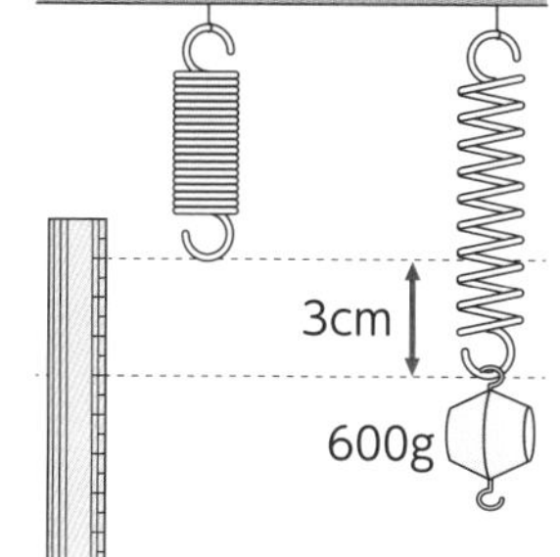

(1) 600gのおもりをつるすと，ばねには何Nの力がはたらくか。（　　　）

(2) このばねを１cmのばすのに何Nの力が必要か。（　　　）

(3) 加えた力の大きさとばねののびの間には，どのような関係があるか。（　　　）

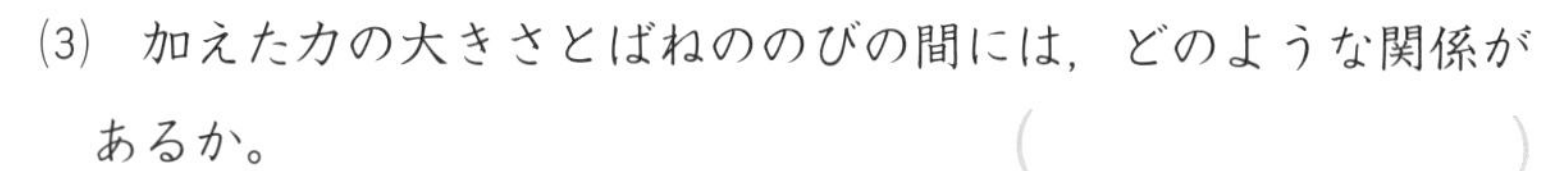

(4) このばねを手で引くとばねののびが4.5cmになった。このとき，手がばねを引いている力は何Nか。（　　　）

(5) このばねを月面上へ持って行き，あるおもりをつるすと，ばねののびは２cmになった。ただし，月面上での重力の大きさは地球上の$\frac{1}{6}$とする。

① このとき，おもりがばねを引く力の大きさは何Nか。（　　　）

② 地球上で，このおもりにはたらく重力は何Nか。（　　　）

4 下の図は，ある物体にはたらく２つの力を，力の矢印で表したものである。これについて，あとの問いに答えなさい。

4点×5（20点）

㋐
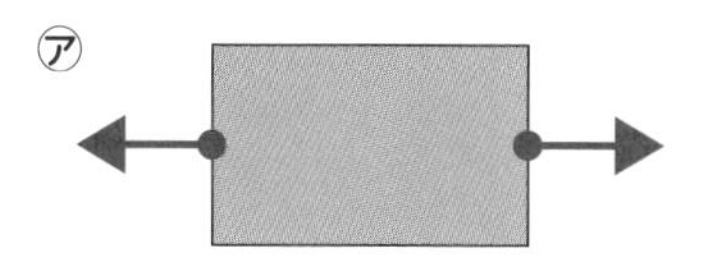

㋑

㋒
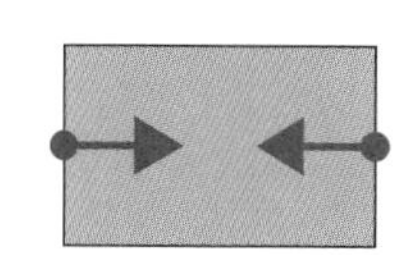

㋓
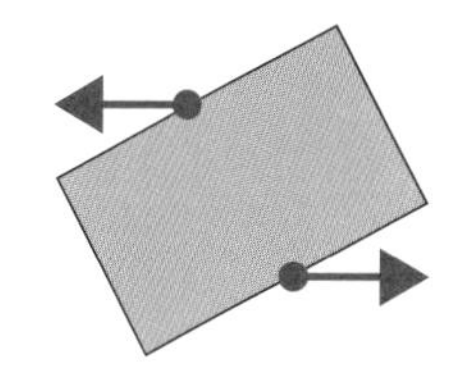

㋔
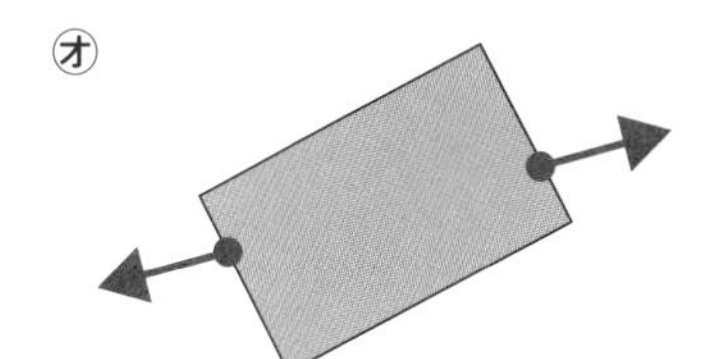

㋕
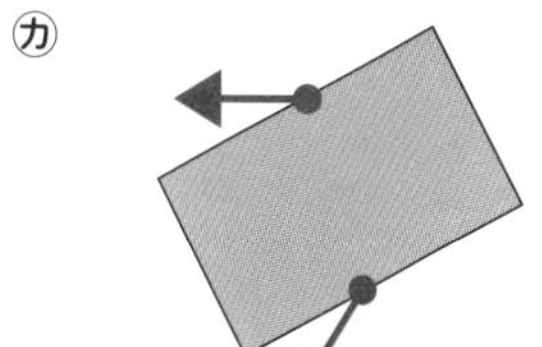

(1) 物体が動かないものはどれか。㋐～㋕からすべて選びなさい。（　　　）

(2) (1)のようなとき，２つの力はどうなっているというか。（　　　）

(3) (2)のようなとき，２つの力には３つの条件が必要である。その３つの条件を答えなさい。

①２つの力は，（　　　）。

②２つの力は，（　　　）。

③２つの力は，（　　　）。

火山や地震，地層などの大地の変化について，そのしくみを学習しよう！

4日目 大地の変化

解答＞ p.8～9

要点を確認しよう　〔　〕にあてはまる語句を，攻略のキーワード から選んで書きましょう。

① 火山

マグマ　火山岩　深成岩　火山噴出物　等粒状　ハザードマップ　鉱物　火成岩　斑状

大地の変化では，火山について最初に学ぶよ。岩石のつくりにも注目しよう。

●〔①　　　　〕…地下の岩石がどろどろにとけた高温の物質。

●〔②　　　　〕…火山ガス，火山灰，火山弾など，噴火のときに噴き出された物質。

●〔③　　　　〕…〔①〕が冷えてできる結晶の粒。

●〔④　　　　〕…マグマが冷え固まってできる岩石。

〔⑤　　　　〕	〔⑥　　　　〕
マグマが地表や地表近くで急に冷え固まってできる火成岩	マグマが地下深くでゆっくり冷え固まってできる火成岩
●〔⑦　　　　〕組織 斑晶 石基 比較的大きな鉱物の**斑晶**と，小さな鉱物の集まりやガラス質の**石基**からなる。	●〔⑧　　　　〕組織  同じくらいの大きさの鉱物が組み合わさっている。

地下のマグマの冷え方で，火成岩のつくりがちがうね。

石英や長石，黒雲母などの鉱物の割合によって，火成岩の色がちがってくるよ。

●〔⑨　　　　〕…火山の噴火や地震などによる被災が想定される区域や避難場所・避難経路などを示した地図。

② 地震

震央　マグニチュード(M)　震源　震度

●〔①　　　　〕…地震による地面のゆれの程度を表す尺度。日本では，10段階に分けられている。

●〔②　　　　〕…地震そのものの規模を表す尺度。

●〔③　　　　〕…地震が発生した場所。

●〔④　　　　〕…〔③〕の真上の地表の地点。

震度とマグニチュードは，表しているものがちがうね。

③ 地震によるゆれ

主要動(しゅようどう)　隆起(りゅうき)　初期微動(しょきびどう)　P波(は)　津波(つなみ)　沈降(ちんこう)　S波　初期微動継続時間(けいぞくじかん)

●初期微動と主要動

地震のゆれで，はじめにくる小さなゆれを〔①　　　　　　〕，後に続く大きなゆれを〔②　　　　　　〕という。

地震は，小さなゆれの初期微動がきてから，大きなゆれの主要動がくるよ。

●P波とS波

初期微動を引き起こす速い波を〔③　　　　　　〕，主要動を引き起こすおそい波を〔④　　　　　　〕という。

●〔⑤　　　　　　〕…P波とS波の到着時刻の差。

●〔⑥　　　　　　〕…海底で起こった地震による海水のうねり。

●隆起と沈降

地震などにより，土地が盛り上がることを〔⑦　　　　　　〕，地震などにより，土地が沈(しず)むことを〔⑧　　　　　　〕という。

地震発生直後には，緊急地震速報や津波警報が気象庁から出されるよ。

④ 地層，大地の変動

断層(だんそう)　地質年代　風化(ふうか)　プレート　しゅう曲(きょく)　堆積(たいせき)　示相化石(しそう)　侵食(しんしょく)　示準化石(しじゅん)　堆積岩　運搬(うんぱん)

●風化と侵食

岩石が気温の変化や水のはたらきにより，表面からもろくなってくずれることを〔①　　　　　　〕，岩石が水のはたらきなどによってけずられることを〔②　　　　　　〕という。

●運搬と堆積

土砂が流水によって運ばれることを〔③　　　　　　〕，〔③〕された土砂が積もって層をつくることを〔④　　　　　　〕という。

堆積岩には，れき岩，砂岩，泥岩のほかに，凝灰岩，石灰岩，チャートがあるよ。

●断層としゅう曲

地層のずれによるくいちがいを〔⑤　　　　　　〕，地層が力によって，押し曲げられたものを〔⑥　　　　　　〕という。

●〔⑦　　　　　　〕…堆積物が押し固められてできた岩石。

●示相化石と示準化石

地層が堆積した当時の環境を示す化石を〔⑧　　　　　　〕，地層が堆積した年代を示す化石を〔⑨　　　　　　〕という。

●〔⑩　　　　　　〕…古生代などの，地球の歴史の時代区分。

●〔⑪　　　　　　〕…地球の表面をおおっている厚さ100kmほどの十数枚の岩盤(がんばん)。

恐竜は中生代の示準化石だね。それぞれの地質年代の示準化石には何があるか，覚えておこう。

ここで学んだ内容を次で確かめよう！

問題を解こう

1 右の図は，火山の形を模式的に表したものである。これについて，次の問いに答えなさい。

4点×6（24点）

A（円すいの形）

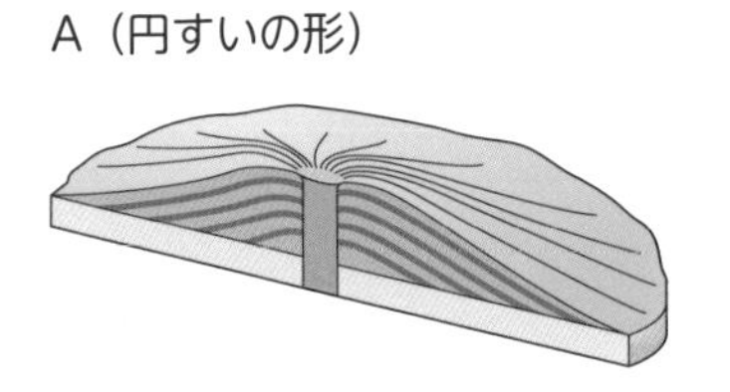

B（ドーム状の形）

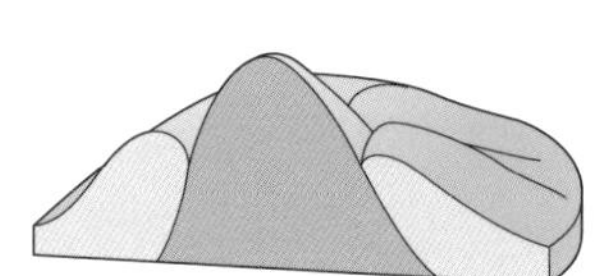

(1) 図のように火山の形がちがうのは，何のねばりけがちがうからか。

（　　　　　　　　　）

(2) (1)のねばりけが弱いのは，図のA，Bのどちらか。（　　　　）

(3) 爆発的な噴火をするのは，図のA，Bのどちらか。（　　　　）

(4) 溶岩が白っぽいものは，図のA，Bのどちらか。（　　　　）

(5) 次の火山は，図のA，Bのどちらにあてはまるか。①（　　　　）②（　　　　）

① 雲仙普賢岳（うんぜんふげんだけ）（平成新山（へいせいしんざん））　② 伊豆大島火山（いずおおしまかざん）

2 右の図は，大阪府北部で起こった地震のゆれが到達するまでにかかった時間と，その時間を10秒間ごとに色分けし，境界を線で結んだものである。○は，地震発生から各地でゆれ始めるまでの時間である。これについて，次の問いに答えなさい。

4点×6（24点）

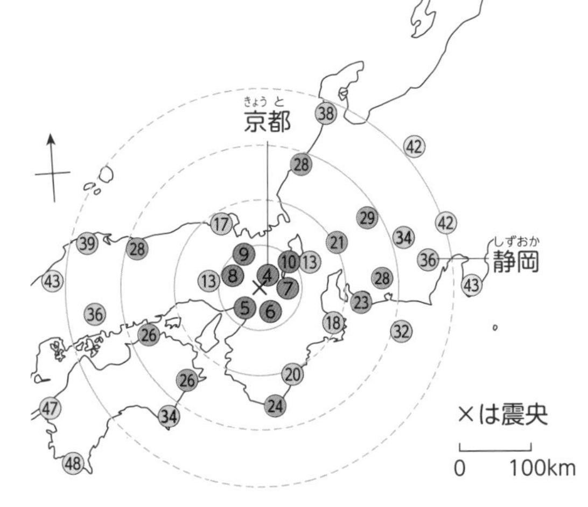

(1) 下線部の線は，震央からどのように広がっているか。

（　　　　　　　　　）

(2) (1)から，地面のゆれは，震央から四方にどのような速さで広がっていくといえるか。

（　　　　　　　　　）

(3) 震央から離（はな）れた地点ほど，ゆれ始める時間はどうなっているか。

（　　　　　　　　　）

(4) 震源から京都府福知山市（ふくちやまし）までの距離は68km，地震が発生してから地震のゆれが始まるまでの時間は11秒であった。この地震のゆれの広がる速さは何km/sか。四捨五入して，小数第１位まで求めなさい。（　　　　　）

(5) 京都と静岡では，震度が大きかったのはどちらだと考えられるか。また，そのように考えた理由を答えなさい。　震度が大きいほう（　　　　　）

理由（　　　　　　　　　　　　　　　　　　　　）

②の⑷は，「速さ＝距離÷時間」の式から求めることができるよ。小数第２位まで計算して，小数第２位を四捨五入することを忘れないようにしよう。

3 右の図の化石について，次の問いに答えなさい。　4点×8（32点）

⑴　A～Cの化石の名称をそれぞれ答えなさい。

A（　　　　　　）
B（　　　　　　）
C（　　　　　　）

A　B　C

⑵　A～Cの化石は，いずれも堆積した年代を知る手がかりになる化石である。このような化石を何というか。（　　　　　）

⑶　⑵の化石にはどのような特徴（とくちょう）があるか。次の**ア**～**エ**からすべて選びなさい。（　　　　　）

ア　限られた時代の地層にしか見られない。
イ　せまい範囲で栄えた。
ウ　いくつかの時代の地層に見られる。
エ　広い範囲で栄えた。

⑷　A～Cの化石をふくむ地層が堆積した年代を，それぞれ古生代，中生代，新生代から選びなさい。　A（　　　　）　B（　　　　）　C（　　　　）

4 右の図は，日本列島付近の地下の断面を模式的に表したものである。これについて，次の問いに答えなさい。　4点×5（20点）

⑴　図の①，②にあてはまる語句を書きなさい。　①（　　　　　）
②（　　　　　）

⑵　②のプレートの進む向きは，a，bのどちらか。（　　　）

⑶　プレートがつくられている場所は，図の㋐，㋑のどちらか。（　　　）

⑷　㋐の付近では，大きな地震がよく発生する。次のA～Cの図を，Cを最初として，地震が起こるしくみを表す順に並べなさい。（　　→　　→　　）

①のプレート　㋐　㋑　a　b　②のプレート

A　プレートが沈みこむ。　①のプレート　②のプレート
B　プレートがはね上がる。
C

5日目 生物の体のつくりとはたらき

植物と動物の細胞のつくりや体のつくりについて学習しよう！

解答 > p.10〜11

要点 を確認しよう　〔　〕にあてはまる語句を，攻略のキーワード から選んで書きましょう。

1 細胞と生物の体

細胞呼吸　核　細胞膜　単細胞生物　多細胞生物　組織　細胞壁

●生物をつくる細胞

細胞のいちばん外側には〔①　　　　　〕といううすい膜があり，細胞の中にはふつう１つの〔②　　　　　〕がある。

●植物の細胞と動物の細胞

植物の細胞

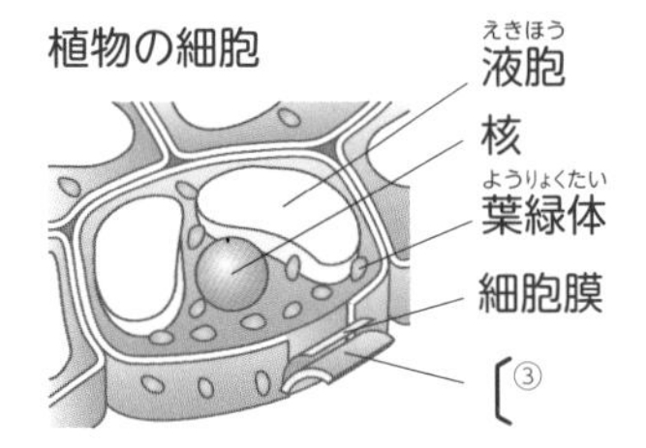

動物の細胞

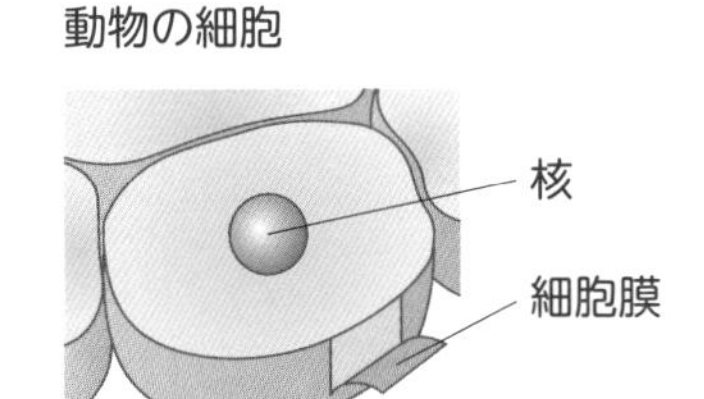

●〔④　　　　　〕…細胞で行われる，酸素を使って養分からエネルギーをとり出すはたらき。このとき，二酸化炭素が放出される。

●単細胞生物と多細胞生物

▶〔⑤　　　　　〕…体が１つの細胞からできている生物。

▶〔⑥　　　　　〕…体が多数の細胞からできている生物。

●組織と器官

▶〔⑦　　　　　〕…形やはたらきが同じ細胞が集まってできている。いくつかの種類の〔⑦〕が集まって**器官**をつくっている。

細胞のつくりのうち，核と細胞壁以外の部分を細胞質というよ。

呼吸は肺だけでなく，細胞でも行われているよ。

細胞→組織→器官→個体
というように，体がつくられているんだね。

2 植物の体のつくりとはたらき

維管束　蒸散　呼吸　光合成　気孔

●〔①　　　　　〕…植物が，光のエネルギーを使って，デンプンなどの養分をつくるはたらき。

●〔②　　　　　〕…生物が，酸素をとり入れ，二酸化炭素を出すはたらき。

●〔③　　　　　〕…主に〔④　　　　　〕から，植物の体の中の水が，水蒸気となって出ていくこと。

●〔⑤　　　　　〕…水と肥料分（無機養分）の通り道である**道管**と葉でつくられた養分の通り道である**師管**の集まり。

道管は水と肥料分，師管は養分の通り道になっているよ。

③ 動物の体のつくりとはたらき

体循環　消化　動脈　静脈血　動脈血　肺胞　消化管　消化酵素
吸収　組織液　排出　静脈　肺循環

動物の体のつくりでは，消化と吸収を最初に学ぶよ。

●**消化，吸収，呼吸**

▶〔①　　　　　　　〕…栄養分を吸収されやすい状態に変化させること。

▶〔②　　　　　　　〕…口から肛門までの１本の管。

▶〔③　　　　　　　〕…**消化液**にふくまれ，食物を吸収されやすい状態に分解する物質。アミラーゼ，ペプシンなど。

▶〔④　　　　　　　〕…消化した栄養分を体内にとり入れること。

▶〔⑤　　　　　　　〕…肺の気管支の先端にある小さな袋。

消化によって，デンプンはブドウ糖，タンパク質はアミノ酸，脂肪は脂肪酸とモノグリセリドに分解されるよ。

●**血液とその循環，排出**

▶**動脈と静脈**…血液が心臓から出る血管を〔⑥　　　　　　　〕，血液が心臓へもどる血管を〔⑦　　　　　　　〕という。

▶〔⑧　　　　　　　〕…**毛細血管**からしみ出た**血しょう**の一部。

▶**肺循環と体循環**…心臓から肺，肺から心臓へもどる血液の流れを〔⑨　　　　　　　〕，心臓から肺以外の全身を回って心臓にもどる血液の流れを〔⑩　　　　　　　〕という。

肺の毛細血管
動脈血
静脈血
肺循環
心臓
体循環
全身の毛細血管

▶**動脈血と静脈血**…酸素を多くふくむ血液を〔⑪　　　　　　　〕，二酸化炭素を多くふくむ血液を〔⑫　　　　　　　〕という。

▶〔⑬　　　　　　　〕…不要な物質を体外へ出すはたらき。

血管は，動脈と静脈の２種類があるよ。動脈血と静脈血のちがいも確認しておこう。

④ 刺激と反応

中枢神経　反射　運動神経　末しょう神経　感覚神経

●**刺激と反応**

▶**神経系**…脳や脊髄からなる〔①　　　　　　　〕と，そこから枝分かれして全身に広がる〔②　　　　　　　〕で構成される。

▶**感覚神経と運動神経**…〔②〕のうち，**感覚器官**からの刺激の信号を脳や脊髄へ伝える神経を〔③　　　　　　　〕，脳や脊髄の命令の信号を**運動器官**へ伝える神経を〔④　　　　　　　〕という。

▶〔⑤　　　　　　　〕…刺激に対して意識と無関係に起こる反応。

食物を口に入れるとだ液が出るのは，無意識に起こっている反応だよ。

問題を解こう

100点

1 図1，2は，タマネギの表皮の細胞，ヒトの頬の内側の粘膜の細胞のいずれかを顕微鏡で観察したものである。これについて，次の問いに答えなさい。

5点×5（25点）

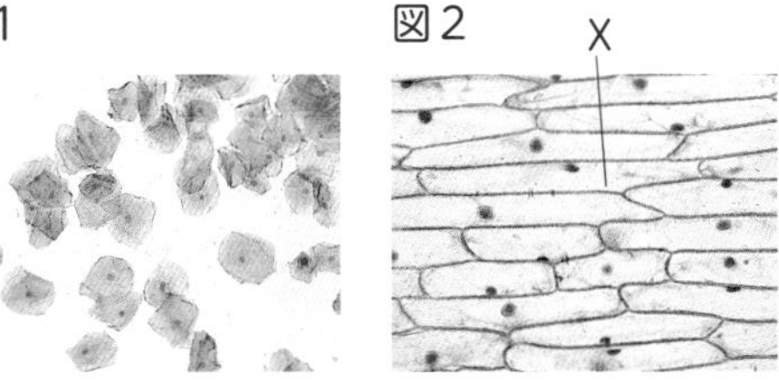

(1) 染色液として，何という薬品を用いるとよいか。（　　　　）

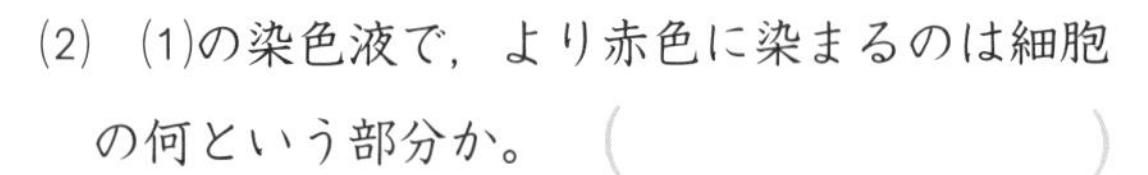

(2) (1)の染色液で，より赤色に染まるのは細胞の何という部分か。（　　　　）

(3) ヒトの頬の内側の細胞を表しているのは，図1，図2のどちらか。（　　　　）

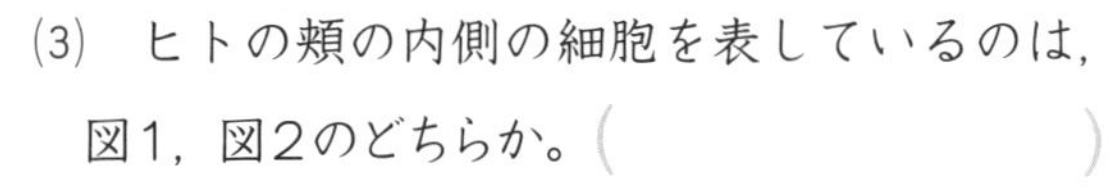

(4) 図1にはなく，図2にあるXを何というか。（　　　　）

(5) 図3は，この観察に使用した顕微鏡を示している。**ア**～**エ**を顕微鏡の操作の順に並べなさい。（　　→　　→　　→　　）

ア　プレパラートをCにのせる。

イ　Bを回して，プレパラートをAに近づける。

ウ　Aをプレパラートから離していき，ピントを合わせる。

エ　Eの角度とDを調節し，視野が最も明るく見えるようにする。

図3

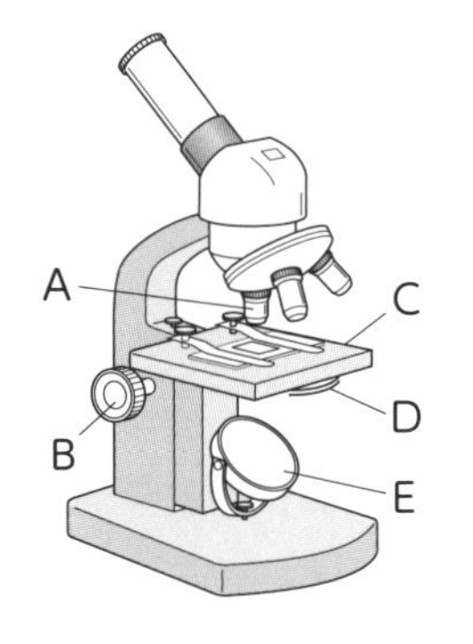

2 光合成に必要な条件を調べるために，次の手順で実験を行った。これについて，あとの問いに答えなさい。

5点×5（25点）

> **手順1**　青色のBTB溶液に息をふきこんで黄色にし，3本の試験管A～Cに入れる。
> **手順2**　BとCにはほぼ同じ大きさのオオカナダモを入れてゴム栓をし，Bのみ全体をアルミニウムはくでおおう
> **手順3**　右の図のように，3本とも日光に当てる。

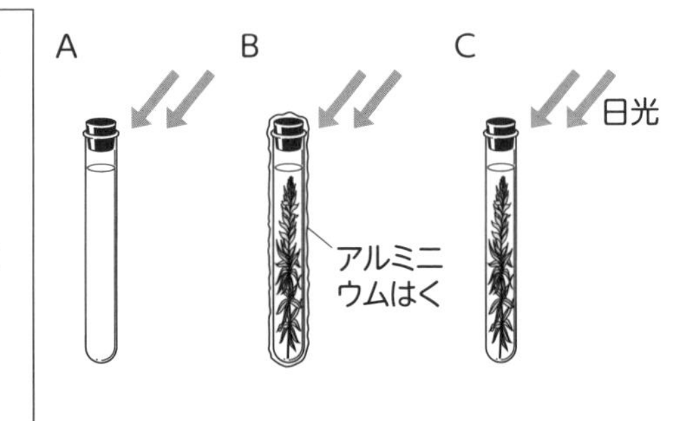

(1) 下線部の操作は，試験管の中にある気体を入れるために行った。その気体は何か。

（　　　　）

(2) 手順3の結果，試験管A～CのBTB溶液の色は，それぞれどうなったか。次の**ア**，**イ**から選びなさい。　A（　　）　B（　　）　C（　　）

ア　黄色のままで，変化しなかった。　**イ**　青色に変化した。

(3) BとCを比べることによって，光合成には何が必要なことがわかるか。

（　　　　）

3 右の図は，ヒトの血液の循環を模式的に表したものである。これについて，次の問いに答えなさい。

5点×7（35点）

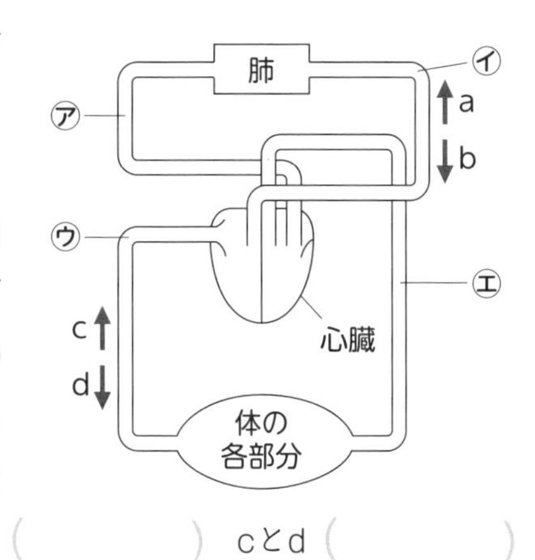

(1) 血液の経路には，２つの経路①，②がある。それぞれの経路を何というか。

① 心臓から出て，肺を通って心臓にもどる経路。

（　　　　　　）

② 心臓から出て，肺以外の全身を回って心臓にもどる経路。（　　　　　　）

(2) 図のa～dの矢印のうち，血液の流れの向きを表しているのはどれか。aとb，cとdからそれぞれ選びなさい。

aとb（　　　　）　cとd（　　　　）

(3) 動脈血が流れている血管は，図の㋐～㋓のどれか。すべて答えなさい。

（　　　　　　）

(4) 静脈血が流れている動脈は，図の㋐～㋓のどれか。また，その動脈の名称を答えなさい。

記号（　　　　）　名称（　　　　　　）

4 右の図は，ヒトの神経系を模式的に表したものである。次の反応について，あとの問いに答えなさい。

5点×3（15点）

反応１　ジョギングをしていたら，スニーカーの中に石が入って痛かったので，スニーカーを脱いで石を出した。 **反応２**　調理をしていたら，火にかけた熱いなべに手がふれて，思わず手を引っこめた。

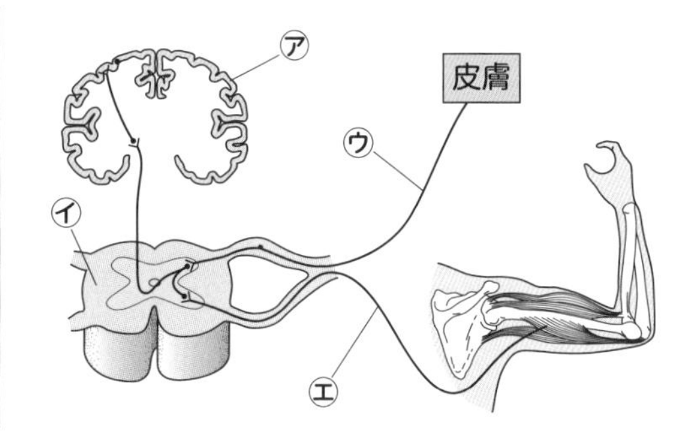

(1) 反応１，反応２で，刺激を受けてから反応を起こすまでの信号の伝わる経路を図の記号を使って表すと，それぞれどうなるか。次の**ア**～**エ**から選びなさい。

反応１（　　　　）　反応２（　　　　）

ア　皮膚→㋒→㋑→㋐→㋑→㋓→筋肉　　**イ**　皮膚→㋒→㋑→㋓→筋肉

ウ　筋肉→㋓→㋑→㋐→㋑→㋒→皮膚　　**エ**　筋肉→㋓→㋑→㋒→皮膚

(2) 反応２は，意識と関係なく起こる反応である。このような反応を何というか。

（　　　　　　）

6日目 化学変化と原子・分子

物質をつくる粒子とその結びつきについて学習しよう！

解答 > p.12～13

要点を確認しよう　〔　〕にあてはまる語句を，攻略のキーワードから選んで書きましょう。

① 化学変化と分解

分解(ぶんかい)　陰極(いんきょく)　陽極(ようきょく)　炭酸(たんさん)ナトリウム　電気(でんき)分解　化学変化(かがくへんか)

● 〔①　　　〕または**化学反応**(はんのう)…もとの物質とはちがう物質ができる変化。

▶ 〔②　　　〕…1種類の物質が2種類以上の別の物質に分かれる化学変化。熱による〔②〕を**熱分解**(ねつ)という。

▶ 〔③　　　〕…電流を流して物質を分解すること。

炭酸水素ナトリウムを分解すると生じる物質	水を分解すると生じる物質
・〔④　　　〕（固体） ・**二酸化炭素**（気体） ・**水**（液体）	・〔⑤　　　〕…酸素 ・〔⑥　　　〕…水素 ●**電気分解装置**

二酸化炭素は石灰水，水は青色の塩化コバルト紙で確認できるね。

化学変化では分解を最初に学ぶよ。どんな物質に分解されるか注目しよう。

陰極には，陽極に集まる気体の約2倍の気体が集まるよ。

② 原子と分子

分子(ぶんし)　元素記号(げんそきごう)　原子(げんし)　元素

●**原子と分子**

▶ 〔①　　　〕…物質をつくる最小の単位。

▶ 〔②　　　〕…いくつかの〔①〕が結びついてできた粒子(りゅうし)。

● 〔③　　　〕…物質を構成する原子の種類。〔③〕を表す記号を〔④　　　〕という。

元素記号で表すと，水素はH，酸素はO，炭素はC，窒素はNだよ。そのほかに，よく出てくる元素記号は覚えておこう。

③ 化学式・単体と化合物

化合物(かごうぶつ)　化学式　単体(たんたい)

● 〔①　　　〕…物質を元素記号と数字で表したもの。

▶ 1種類の元素からなる物質を〔②　　　〕といい，2種類以上の元素からなる物質を〔③　　　〕という。

1種類の元素からできている酸素O_2は単体，2種類の元素からできているアンモニアNH_3は化合物だね。

④ さまざまな化学変化

酸化物　FeS　還元　酸化　$2H_2O$　化学反応式　硫化鉄　O_2

●〔①　　　　　　　〕…化学変化を，化学式を用いて表したもの。

●さまざまな化学変化

▶物質どうしが結びつく化学変化

水素と酸素が結びつく化学変化

水素　＋　　　酸素　　　⟶　　　水

$2H_2$　＋　〔②　　　　　　〕⟶〔③　　　　　　〕

鉄と硫黄が結びつく化学変化

鉄　＋　硫黄　⟶〔④　　　　　　〕

Fe　＋　S　⟶〔⑤　　　　　　〕

●酸化と還元

▶〔⑥　　　　　〕…物質が酸素と結びつく化学変化。〔⑥〕によってできた物質を〔⑦　　　　　〕という。

▶〔⑧　　　　　〕…酸化物から酸素がとり除かれる化学変化。

化学反応式を書いたら，→の左右で原子の種類と数が同じになっているか確かめよう。

酸素と結びつくのが酸化，酸素を失うのが還元だね。

⑤ 化学変化と熱の出入り

発熱反応　吸熱反応

●〔①　　　　　〕…化学変化のときに熱を発生し，**まわりの温度が上がる**反応。酸化カルシウムと水の反応など。

●〔②　　　　　〕…化学変化のときに熱を吸収し，**まわりの温度が下がる**反応。塩化アンモニウムと水酸化バリウムの反応など。

熱を発生するか，熱を吸収するかで，化学変化は２つに分けられるよ。

⑥ 化学変化と物質の質量

3：2　4：1　質量保存の法則

●〔①　　　　　　　〕…**化学変化の前後で，その反応に関係している物質全体の質量は変わらない**という法則。

●反応する物質どうしの質量の割合

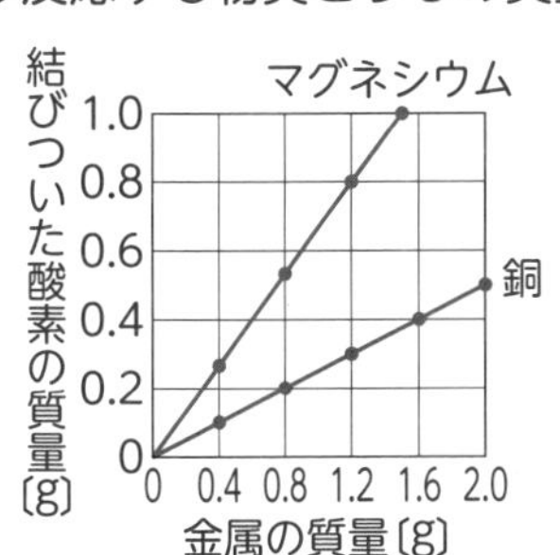

⁂銅について，グラフより

銅：酸素＝1.6g：0.4g

＝〔②　　　　　〕

⁂マグネシウムについて，グラフより

マグネシウム：酸素＝1.2g：0.8g

＝〔③　　　　　〕

反応する物質どうしの質量の割合は一定だよ。比の計算を使って，質量の割合の計算問題にチャレンジしよう。

ここで学んだ内容を次で確かめよう！

問題を解こう

100点

1 右の図のような装置を使って，少量の水酸化ナトリウムをとかした水を電気分解し，発生した気体について調べた。これについて，次の問いに答えなさい。　5点×5（25点）

⑴　水に水酸化ナトリウムをとかす理由を答えなさい。
（　　　　　　　　　　）

⑵　陽極側のゴム栓をとり，火のついた線香（せんこう）を入れると，線香が炎（ほのお）を上げて激しく燃えた。この気体は何か。
（　　　　　　　　　　）

⑶　陰極側のゴム栓をとり，マッチの炎を近づけると，音を立てて燃えた。この気体は何か。
（　　　　　　　　　　）

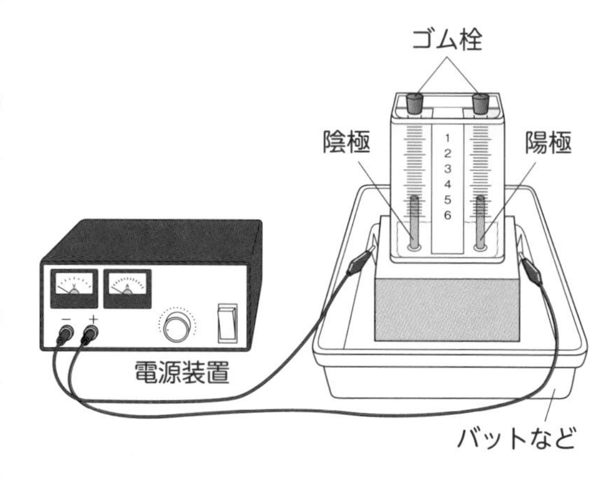

⑷　発生する気体の体積が大きいのは，陽極と陰極のどちら側か。（　　　　　　）

⑸　この実験で起きた化学変化を，化学反応式で表しなさい。
（　　　　　　　　　　）

2 次のような手順で，実験を行った。あとの問いに答えなさい。　5点×6（30点）

> **手順1**　右の図のように乳鉢（にゅうばち）の中で鉄粉と硫黄を十分に混ぜ，この混合物を２本の試験管A，Bに分けて入れた。
> **手順2**　試験管Aの上部を加熱し，上部が赤くなったら，加熱をやめた。
> **手順3**　試験管A，Bそれぞれに，磁石を近づけた。
> **手順4**　試験管A，Bの物質をそれぞれペトリ皿に少量とり，うすい塩酸を加えた。

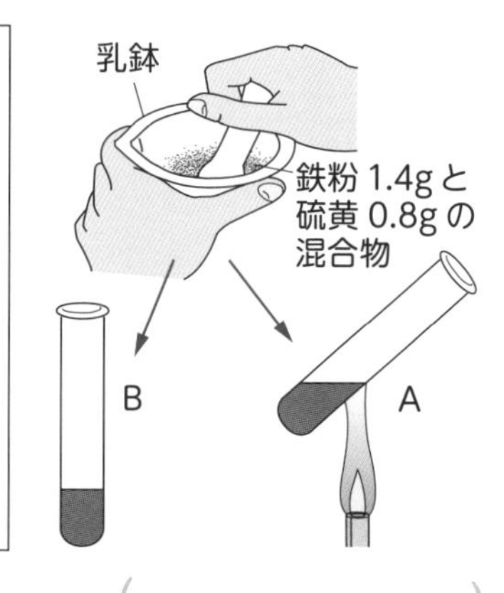

⑴　手順２で，加熱をやめた後，反応はどうなったか。（　　　　　　）

⑵　手順３で，磁石を近づけたとき，それぞれ，磁石に引きつけられるか，引きつけられないか。　A（　　　　　　）　B（　　　　　　）

⑶　手順４で，うすい塩酸を加えたとき，それぞれ何という気体が発生したか。
A（　　　　　　）　B（　　　　　　）

⑷　鉄と硫黄の混合物を加熱したときの化学変化を，化学反応式で表しなさい。
（　　　　　　　　　　）

4の問題は，質量保存の法則が成り立っているよ。容器のふたを開けると，容器内で発生した気体がどうなるかを考えてみよう。

3 右の図のようにして，塩化アンモニウムと水酸化バリウムの混合物に水を加えた後，フェノールフタレイン溶液をしみこませた脱脂綿（だっしめん）でふたをし，1分ごとの温度変化を調べた。これについて，次の問いに答えなさい。 5点×5（25点）

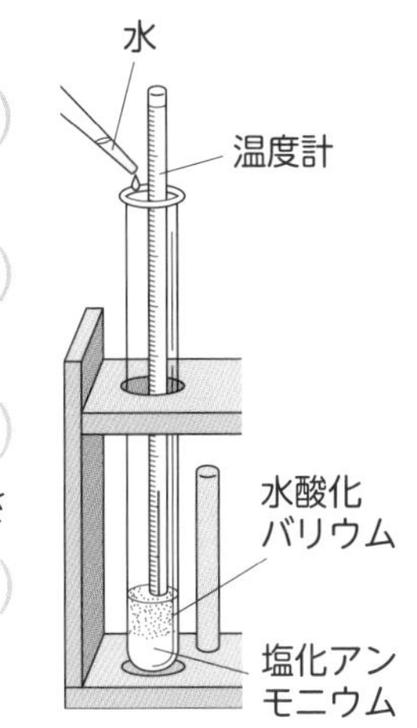

(1) 下線部の脱脂綿にはどのような変化が起こるか。

（　　　　　　　　　）

(2) この実験で，水を加えたときに発生した気体は何か。

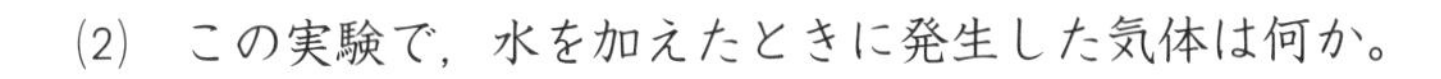

（　　　　　　　　　）

(3) 実験が進むにつれて，温度はどのように変化するか。

（　　　　　　　　　）

(4) (3)のような温度変化をしたのはなぜか。次の**ア**，**イ**から選びなさい。 （　　　）

ア 化学変化によって，物質から熱が発生した。

イ 化学変化によって，まわりから熱を吸収した。

(5) (4)のような化学変化を何というか。 （　　　　　　　）

4 下の図のように，密閉（みっぺい）した容器の中で，炭酸水素ナトリウムにうすい塩酸を加えて化学変化を起こした。これについて，あとの問いに答えなさい。 5点×4（20点）

㋐容器全体の質量をはかる。

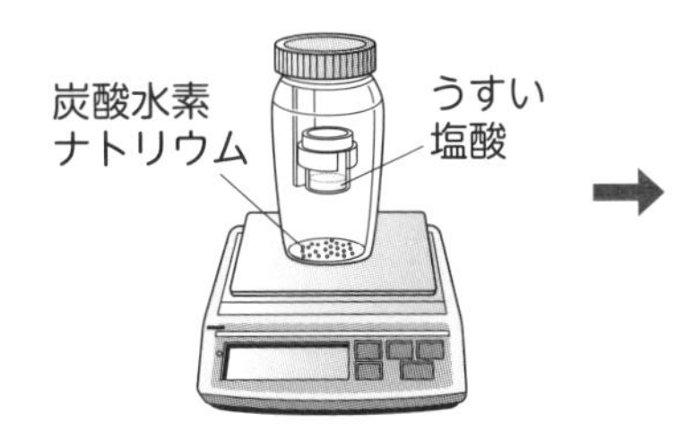

㋑容器を傾（かたむ）けて，気体を発生させる。

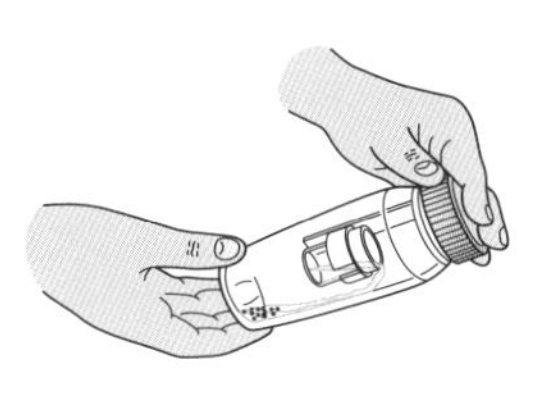

㋒もう一度，容器全体の質量をはかり，化学変化前と比べる。

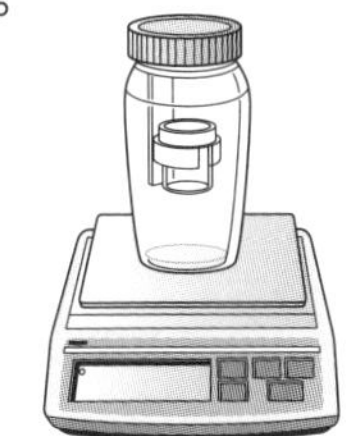

(1) 次の式は，炭酸水素ナトリウムにうすい塩酸を加えたときの化学変化を表したものである。①，②にあてはまる物質名を答えなさい。ただし，①は気体，②は液体である。

①（　　　　　　　　）　②（　　　　　　　　）

炭酸水素ナトリウム ＋ 塩酸 ⟶ 塩化ナトリウム ＋（ ① ）＋（ ② ）

(2) ㋒の容器全体の質量は，㋐の容器全体の質量と比べて，どのようになるか。

（　　　　　　　　）

(3) ㋒の後，容器のふたを開けてから容器全体の質量をはかった。その質量は，㋐の容器全体の質量と比べて，どのようになるか。 （　　　　　　　　）

7日目 電流とその利用

生活の中で使われている電気の基本的な性質について学習しよう！

解答 > p.14〜15

要点を確認しよう　〔　〕にあてはまる語句を，攻略のキーワードから選んで書きましょう。

1 回路と電流，電圧，抵抗

導体(どうたい)　直列回路(ちょくれつかいろ)　抵抗(ていこう)　並列回路(へいれつ)　電流(でんりゅう)　I_a+I_b　絶縁体(ぜつえんたい)　V_a+V_b
電圧(でんあつ)　オームの法則　R_a+R_b　RI

直列回路と並列回路のちがいについて，回路図で確認しておこう。

●直列回路と並列回路

▶〔①　　　　　〕…電流の流れる道すじが１本の回路。

▶〔②　　　　　〕…電流の流れる道すじが途中で枝分かれしている回路。

●電流，電圧，抵抗

電流，電圧，抵抗の単位は，それぞれちがうね。読み方も覚えておこう。

▶〔③　　　　　〕…電気の流れ。単位はアンペア（A）。

▶〔④　　　　　〕…電流を流すはたらきの大きさ。単位はボルト（V）。

▶〔⑤　　　　　〕または**電気抵抗**…電流の流れにくさ。単位はオーム（Ω）。

▶〔⑥　　　　　〕…抵抗器などを流れる電流の大きさと電圧の大きさの関係を表す法則。

電圧〔V〕＝抵抗〔Ω〕×電流〔A〕　$V=$〔⑦　　　　　〕

この関係を，オームの法則というよ。

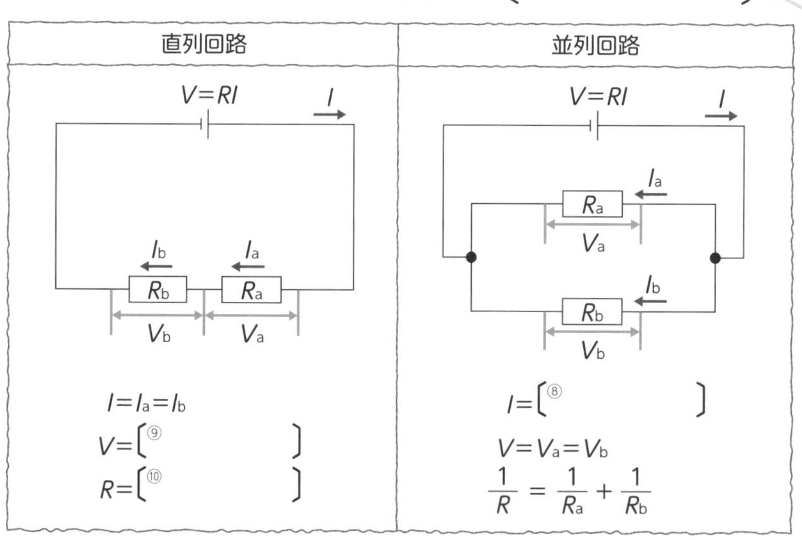

直列回路	並列回路
$I=I_a=I_b$	$I=$〔⑧　　　〕
$V=$〔⑨　　　〕	$V=V_a=V_b$
$R=$〔⑩　　　〕	$\frac{1}{R}=\frac{1}{R_a}+\frac{1}{R_b}$

直列回路と並列回路では，電流，電圧，抵抗の求め方がちがうよ。いろいろな問題にチャレンジしよう。

▶〔⑪　　　　　〕…抵抗が小さく，電流が流れやすい物質。

▶〔⑫　　　　　〕または**不導体**(ふどうたい)…電流が極めて流れにくい物質。

② 電流とそのはたらき

🔑 熱量(ねつりょう)　電力量(でんりょくりょう)　電力

● 〔①　　　　　　〕…１秒あたりに消費する電気エネルギーの大きさ。単位はワット（W）。電力〔W〕＝電圧〔V〕×電流〔A〕

● 〔②　　　　　　〕…物質に出入りする熱の量。単位はジュール（J）。熱量〔J〕＝電力〔W〕×時間〔s〕

● 〔③　　　　　　〕…電気を使ったときに消費した電気エネルギーの総量。電力量〔J〕＝電力〔W〕×時間〔s〕

熱量と電力量の単位は，両方ともジュール〔J〕だね。式も同じだよ。

③ 電流と磁界

🔑 誘導電流(ゆうどうでんりゅう)　磁力線(じりょくせん)　直流(ちょくりゅう)　電磁誘導(でんじ)　磁界(じかい)　交流(こうりゅう)　磁界の向き

● 磁界のようす

▶〔①　　　　　　〕…磁力のはたらく空間。

▶〔②　　　　　　〕…磁界の向きをつないでできる線。

● 電流が磁界から受ける力

磁界の中を流れる電流は，電流の向きと，磁石の〔③　　　　　　〕に対して垂直な向きに力を受ける。

磁界　力　電流

力の向きは，電流の向きや磁界の向きで変化するね。

● 〔④　　　　　　〕…コイルの中の磁界が変化すると，コイルに電流を流そうとする電圧が生じる現象。そのとき流れる電流を〔⑤　　　　　　〕という。

● 直流と交流

一定の向きに流れる電流を〔⑥　　　　　　〕，流れる向きが周期的(しゅうきてき)に変わる電流を〔⑦　　　　　　〕という。

乾電池から流れる電流は直流，コンセントから流れる電流は交流だよ。直流と交流のちがいを確認しておこう。

④ 電流の正体

🔑 電子(でんし)　放電(ほうでん)　電子線　静電気(せい)　放射性物質(ほうしゃせい)　放射線

● 〔①　　　　　　〕…物体にたまった電気。

● 〔②　　　　　　〕…たまった電気が流れ出たり，電気が空間を移動したりする現象。

● 〔③　　　　　　〕…－(マイナス)の電気をもった小さな粒子。放電管内で見られる〔③〕の流れを〔④　　　　　　〕（陰極線）という。

● 〔⑤　　　　　　〕…α(アルファ)線，β(ベータ)線，γ(ガンマ)線，X(エックス)線などの種類がある。

● 〔⑥　　　　　　〕…放射線を放つ物質。

電子は－極から＋極へ向かうので，電流の向きと逆になるよ。

ここで学んだ内容を次で確かめよう！

1 右の図は，20Ωの抵抗器と大きさがわからない抵抗器Rと６Ｖの電源を用いてつくった回路で，点bを流れる電流は0.7Aである。これについて，次の問いに答えなさい。 4点×8（32点）

⑴ 20Ωの抵抗器に加わる電圧は何Ｖか。

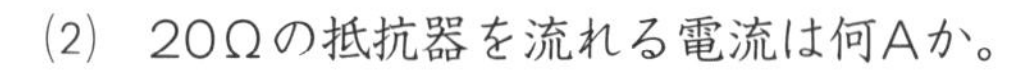

（　　　　　　）

⑵ 20Ωの抵抗器を流れる電流は何Ａか。

（　　　　　　）

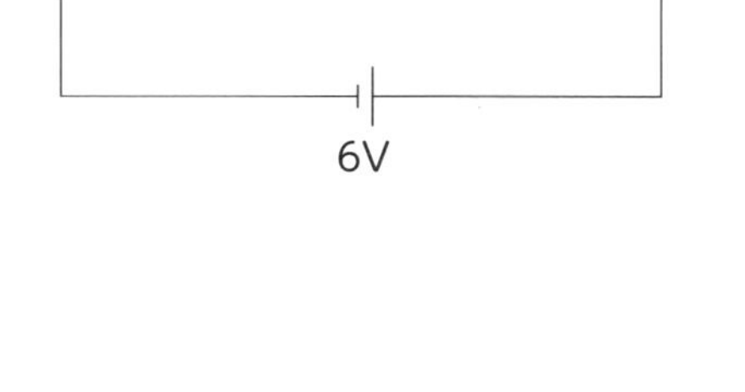

⑶ 点aを流れる電流は何Ａか。

（　　　　　　）

⑷ 抵抗器Rの抵抗の大きさは何Ωか。

（　　　　　　）

⑸ 抵抗器Rをより抵抗の小さい抵抗器R_1にとりかえた。

① 抵抗器R_1に加わる電圧は何Ｖか。（　　　　　　）

② 20Ωの抵抗器に加わる電圧は何Ｖか。（　　　　　　）

③ 点aを流れる電流は，どのように変化するか。（　　　　　　）

④ 点bを流れる電流は，どのように変化するか。（　　　　　　）

2 右の図のような装置で，電熱線に6.0Vの電圧を加え，3.0Aの電流を５分間流したところ，水の温度が12℃上昇した。これについて，次の問いに答えなさい。 4点×6（24点）

⑴ この装置で，発泡（はっぽう）ポリスチレンのコップを使うのはなぜか。

（　　　　　　　　　　　　）

⑵ この電熱線の抵抗は何Ωか。

（　　　　　　）

⑶ 電熱線が消費した電力は何Wか。

（　　　　　　）

⑷ ５分間に電熱線から発生する熱量は何Jか。

（　　　　　　）

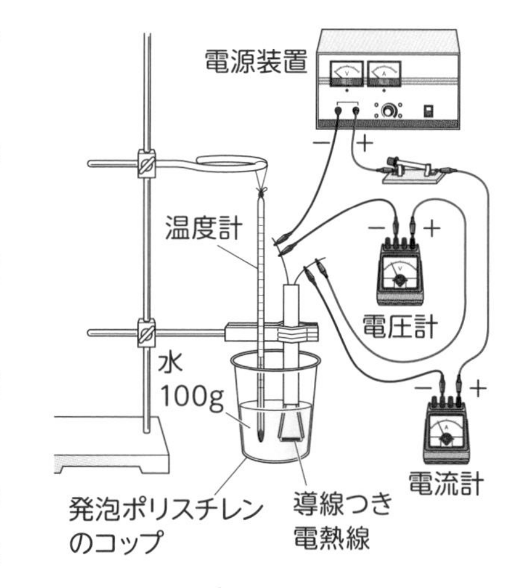

⑸ 電流を流す時間を10分間にすると，水の温度は何℃上昇すると考えられるか。

（　　　　　　）

⑹ 電力を６Wにして，発熱量を⑷と同じにするには，電流を何分間流せばよいと考えられるか。

（　　　　　　）

②の問題は，電力〔W〕＝電圧〔V〕×電流〔A〕，熱量〔J〕＝電力〔W〕×時間〔s〕の公式にあてはめて計算してみよう。時間の単位は，秒だよ。

3 右の図のような装置で，磁石のN極をコイルに近づけると，検流計(けんりゅうけい)の針が左に振(ふ)れた。これについて，次の問いに答えなさい。

4点×6（24点）

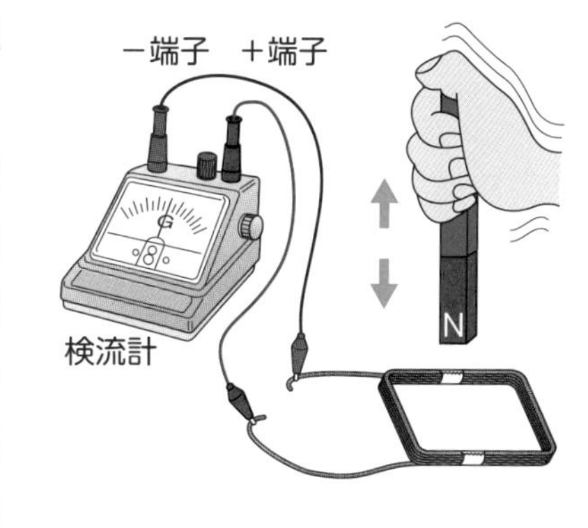

⑴ ①〜③のとき，検流計の針は，右，左のどちらに振れるか。

① 磁石のN極をコイルから遠ざける。（　　　）

② 磁石のS極をコイルに近づける。（　　　）

③ 磁石のS極をコイルから遠ざける。（　　　）

⑵ 磁石のN極をコイルに入れずに，コイルの上を水平に，左から右へ動かした。このときの検流計の針は振れるか。（　　　）

⑶ 流れる電流を大きくするためには，磁石をどのように動かせばよいか。

（　　　）

⑷ 磁石をコイルに近づけたまま静止させたところ，検流計の針が振れなかった。その理由を簡単に書きなさい。（　　　）

4 次のような手順で，摩擦(まさつ)によって生じる電気の性質を調べた。これについて，あとの問いに答えなさい。

4点×5（20点）

手順1　ストローA，Bをティッシュペーパーでこすった。

手順2　図1のように，ストローAを，ストローBに近づけた。

手順3　図2のように，手順1で使ったティッシュペーパーを，ストローBに近づけた。

図1

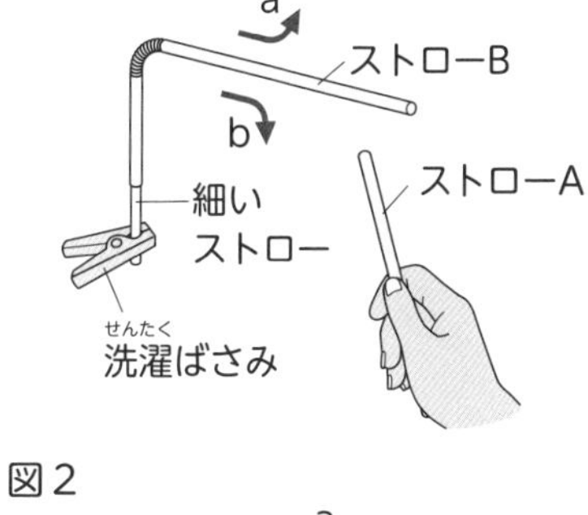

図2

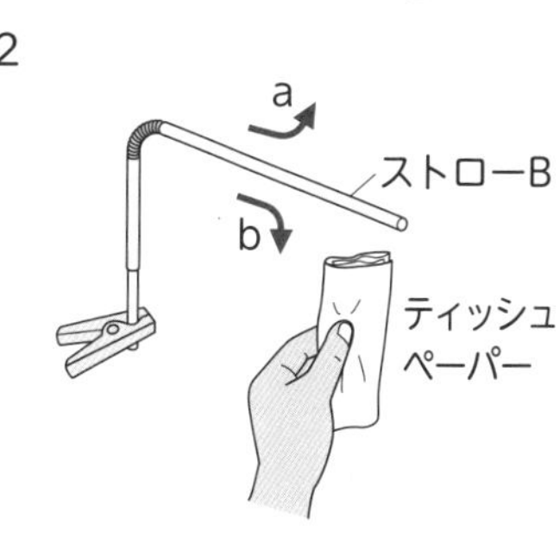

⑴ 図1で，ストローBは，a，bのどちらに動くか。

（　　　）

⑵ 図2で，ストローBは，a，bのどちらに動くか。

（　　　）

⑶ ストローBは，−の電気を帯びている。ストローAとティッシュペーパーは，それぞれ＋，−のどちらの電気を帯びているか。

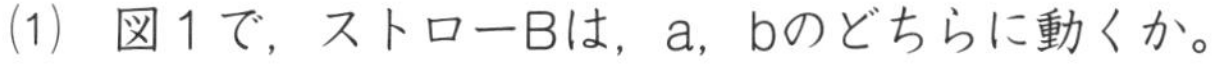

ストローA（　　　）　ティッシュペーパー（　　　）

⑷ ⑶のように，摩擦によって物体にたまった電気を何というか。（　　　）

8日目 天気とその変化

解答 > p.16~17

要点を確認しよう 〔　〕にあてはまる語句を，攻略のキーワードから選んで書きましょう。

1 気象観測

気象要素　気象

●〔①　　　〕…大気中に起こるさまざまな自然現象。

●〔②　　　〕…雲量，気温，湿度，気圧，風向，風速（風力），降水量などの大気の状態を表す要素。雲量が0と1は快晴，2～8は晴れ，9と10はくもり。

天気記号	快晴	晴れ	くもり	雨
	○	⦶	◎	●

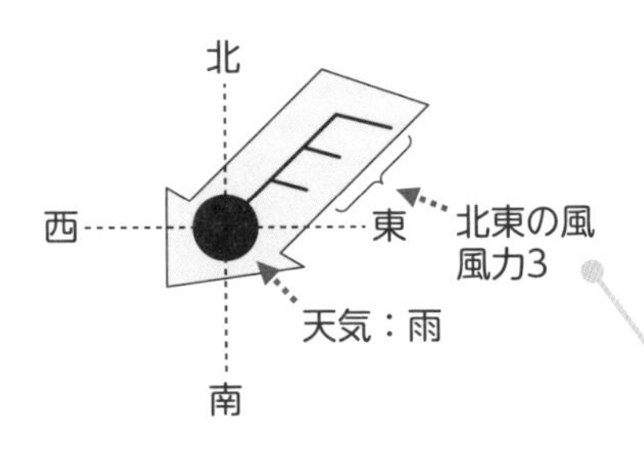

天気とその変化では，最初に気象観測について学ぶよ。私たちの生活とどのようにかかわっているか注目しよう。

風向は，風のふいてくる方向だよ。

2 気圧と風

上昇気流　圧力　低気圧　下降気流　天気図　高気圧　気圧　等圧線

●〔①　　　〕…単位面積あたりに垂直にはたらく力。

〔①〕〔Pa〕＝$\dfrac{\text{面に垂直に加わる力〔N〕}}{\text{力が加わる面積〔m}^2\text{〕}}$

●〔②　　　〕または**大気圧**…大気の重さによって生じる圧力。単位はヘクトパスカル（hPa）。

●〔③　　　〕…気圧の値の等しい地点を結んだ曲線。

●〔④　　　〕…観測された気象の記録を，図記号で地図上に表したもの。

標高が高くなるほど空気がうすくなるのは，気圧が低くなるからだよ。

●**高気圧と低気圧**

気圧がまわりより高いところを〔⑤　　　〕，気圧がまわりより低いところを〔⑥　　　〕という。

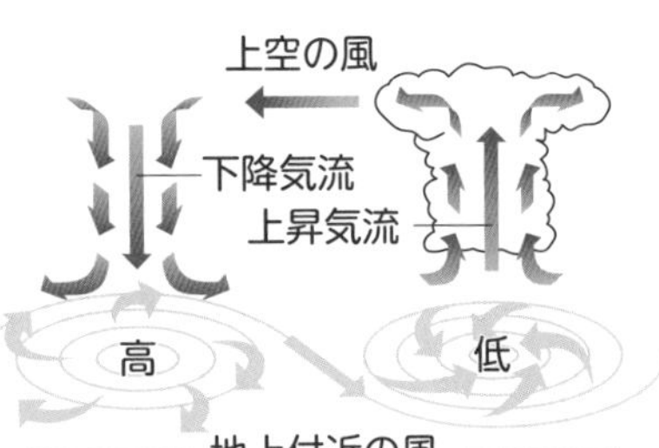

●**上昇気流と下降気流**

上昇する空気の流れを〔⑦　　　〕，下降する空気の流れを〔⑧　　　〕という。

高気圧と低気圧では，風のふき方にちがいがあるね。

③ 大気中の水の変化

雲　露点　飽和水蒸気量　湿度

●〔①　　　　　　　〕…水蒸気の凝結が始まるときの温度。

●〔②　　　　　　　〕…ある気温で空気 1 m^3中にふくむことができる水蒸気の最大質量。

●〔③　　　　　　　〕…空気 1 m^3中にふくまれている水蒸気の量の割合を，飽和水蒸気量に対する百分率で表したもの。

$$〔③〕〔\%〕= \frac{\text{空気1}\,m^3\text{中にふくまれている水蒸気の量〔g〕}}{\text{その気温での飽和水蒸気量〔g〕}} \times 100$$

●〔④　　　　　　　〕…空気中にふくまれる水蒸気が水滴や氷の粒となったもの。霧は，地上付近にできた〔④〕のこと。

湿度を求める計算にチャレンジしよう。

空気のかたまりが上昇すると，温度が下がっていき，露点に達する高さで雲ができるんだよ。

④ 前線と天気の変化

温暖前線　停滞前線　寒冷前線　偏西風　前線面　気団　前線　閉塞前線

●〔①　　　　　　　〕…気温や湿度がほぼ一様な空気のかたまり。

●〔②　　　　　　　〕…性質の異なる気団が接してできる境界面。

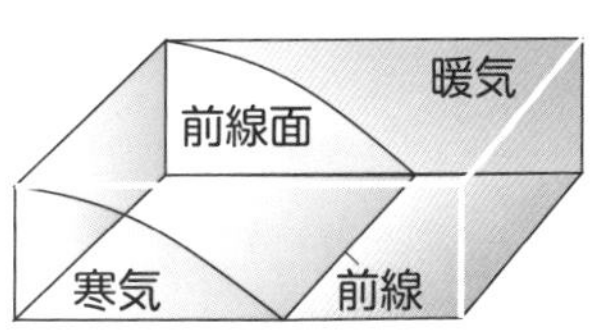

●〔③　　　　　　　〕…前線面が地表面と交わるところ。

▶〔④　　　　　　　〕…寒気団と暖気団の勢力がほぼ同じで，停滞した前線。

▶〔⑤　　　　　　　〕…寒気が暖気を押し上げながら進む前線。

▶〔⑥　　　　　　　〕…暖気が寒気にはい上がりながら進む前線。

▶〔⑦　　　　　　　〕…寒冷前線が温暖前線に追いつきできる前線。

●〔⑧　　　　　　　〕…日本付近の上空を西から東へふく強い風。

寒冷前線と温暖前線のちがいを覚えておこう。

⑤ 日本の気象

台風　小笠原気団　季節風　西高東低　シベリア気団

●〔①　　　　　　　〕…季節に特有の風。

●日本周辺の気団

冬には〔②　　　　　　　〕，夏には〔③　　　　　　　〕が発達。

●〔④　　　　　　　〕…日本の冬に典型的な気圧配置。

●〔⑤　　　　　　　〕…最大風速が17.2m/s以上の熱帯低気圧。

日本の四季にかかわっている気団について，季節ごとに整理してみよう。

ここで学んだ内容を次で確かめよう！

1 図1は，ある地点のある日時の天気・風向・風力を天気記号で表したものである。図2はこのときの乾湿計（かんしつけい）の乾球（かんきゅう）と湿球（しっきゅう）を，図3は湿度表の一部を表している。これについて，あとの問いに答えなさい。

4点×7（28点）

図1

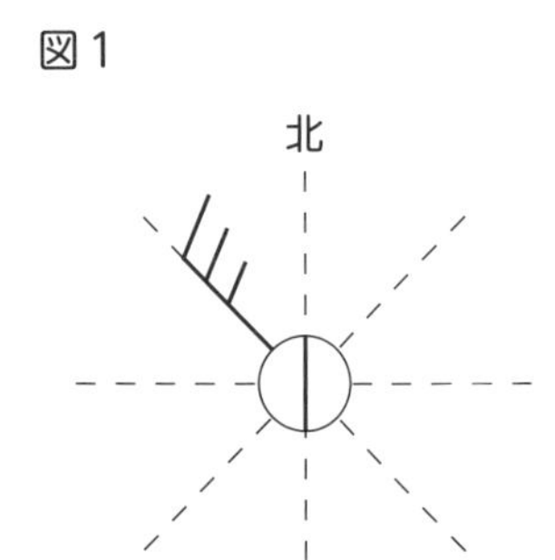

図2

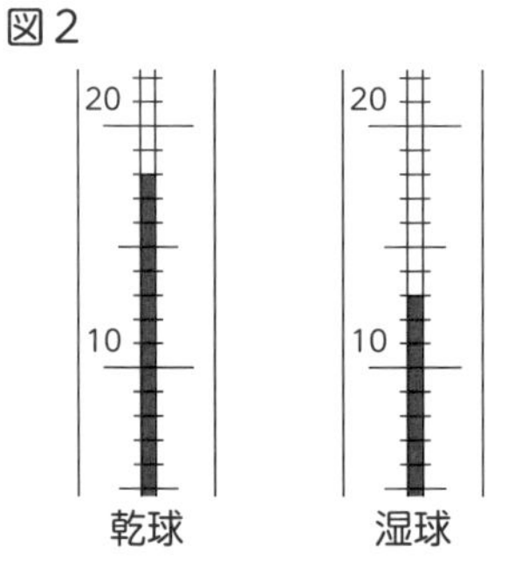

図3

乾球〔℃〕	乾球と湿球の差〔℃〕 3	4	5	6	7
21	73	65	57	49	42
20	72	64	56	48	40
19	72	63	54	46	38
18	71	62	53	44	36
17	70	61	51	43	34

(1) 図1の天気記号から，この地点の天気・風向・風力をそれぞれ答えなさい。

天気（　　　　）風向（　　　　）風力（　　　　）

(2) (1)の地点の雲量は，どの範囲か。次の**ア**～**ウ**から選びなさい。（　　　　）

ア 0～1　**イ** 2～8　**ウ** 9～10

(3) 図2の乾球の示度（しど）は何℃か。（　　　　）

(4) 図2の乾球と湿球の示度の差は何℃か。（　　　　）

(5) 図2と図3から，湿度を求めると何%になるか。（　　　　）

2 右の図のように，質量1600gの直方体の物体をスポンジの上に置いた。質量100gの物体にはたらく重力の大きさを1Nとして，次の問いに答えなさい。

4点×9（36点）

(1) この物体にはたらく重力の大きさは何Nか。

（　　　　）

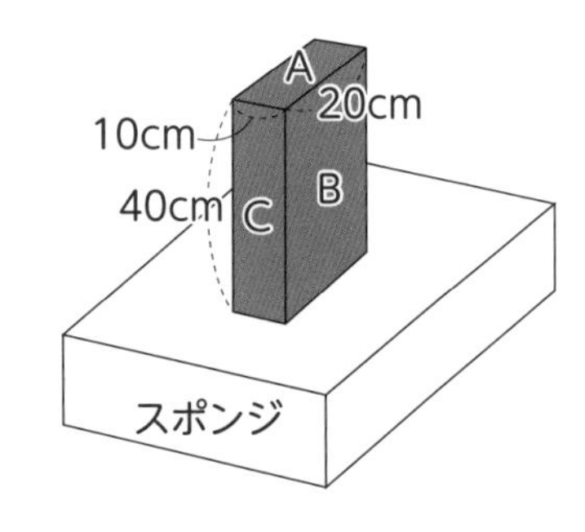

(2) A～C面の面積はそれぞれ何m^2か。

A（　　　　）B（　　　　）

C（　　　　）

(3) A～Cの各面を下にして置いたとき，スポンジに加わる圧力の大きさはそれぞれ何Paか。

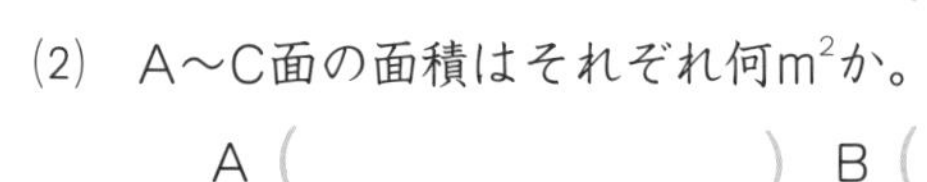

A（　　　　）B（　　　　）C（　　　　）

(4) スポンジのへこみ方が最大になるのは，A～Cのどの面を下にして置いたときか。

（　　　　）

(5) B面を下にして置き，スポンジに加わる圧力を1000Paにするには，この物体を何Nの力で下に押せばよいか。（　　　　）

②の問題は，圧力〔Pa〕＝面に垂直に加わる力〔N〕÷力が加わる面積〔m^2〕の計算式を使うよ。単位をまちがえないように注意しよう。

3 下の図は，ある地点での３日間の天気と気温・湿度・気圧を３時間おきに測定した結果を表したものである。これについて，あとの問いに答えなさい。
4点×4（16点）

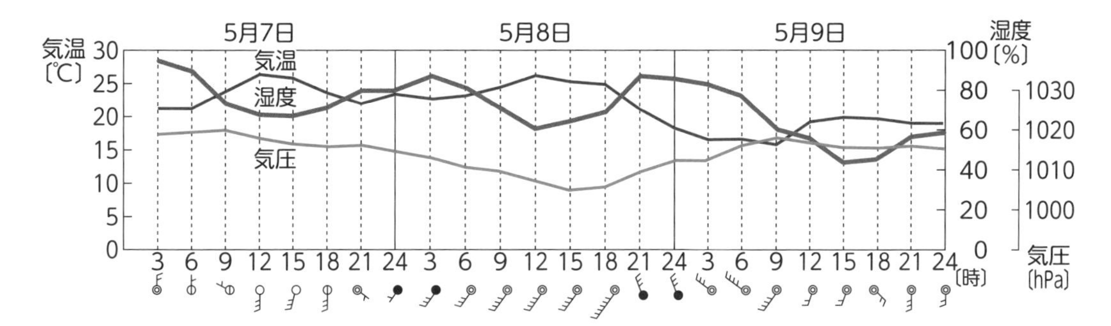

⑴　この３日間の間に，ある前線が通過していったと考えられる。その前線名を答えなさい。
（　　　　　　　　　）

⑵　⑴の前線の通過は，何日の何時ごろか。次の**ア**～**ウ**から選びなさい。（　　　　）

ア　７日の15～21時ごろ　**イ**　８日の18～24時ごろ　**ウ**　９日の９～12時ごろ

⑶　⑵のように考えられる理由を，次の**ア**～**エ**からすべて選びなさい。（　　　　　）

ア　通過後，気温が上がった。　**イ**　通過後，気温が下がった。

ウ　通過後，風向が南寄りになった。　**エ**　通過後，風向が北寄りになった。

⑷　７日の12時と８日の12時は気温が同じだが，湿度が異なる。１m^3あたりの空気中の水蒸気量が多いのは，７日の12時と８日の12時のどちらか。（　　　　　）

4 右の図は，日本付近のある時期の特徴的な天気図を示したものである。これについて，次の問いに答えなさい。
4点×5（20点）

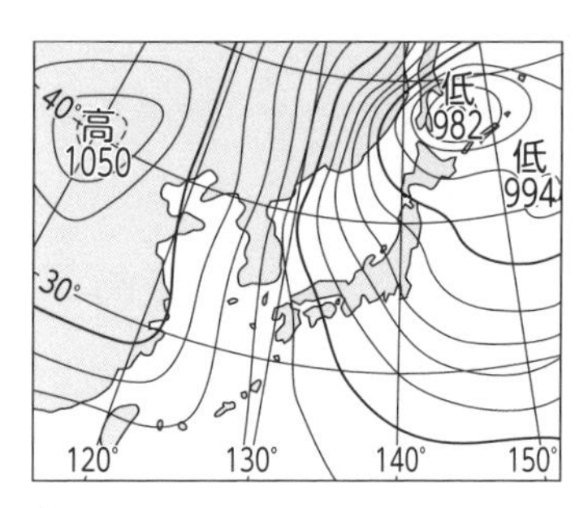

⑴　この天気図は，春，夏，秋，冬のうちのどの季節を示したものか。（　　　　）

⑵　この天気図のような気圧配置を何というか。
（　　　　　　）

⑶　⑴の季節において，日本の天気に影響を与える気団はどれか。次の**ア**～**ウ**から選びなさい。（　　　）

ア　小笠原気団　**イ**　オホーツク海気団　**ウ**　シベリア気団

⑷　⑴の季節のとき，太平洋側と日本海側ではどのような天気が多く見られるか。次の**ア**～**エ**からそれぞれ選びなさい。　太平洋側（　　　　）日本海側（　　　　）

ア　晴れて，乾燥（かんそう）している。　**イ**　晴れて，湿度が高い。

ウ　雪が降り，乾燥している。　**エ**　雪が降り，湿度が高い。

8日目はここまで！

特集 図で確認しよう

□にあてはまる語句を答えよう。
解答はページの下側にあるよ。

❶ 花から果実への変化

p.6~9

● めしべ

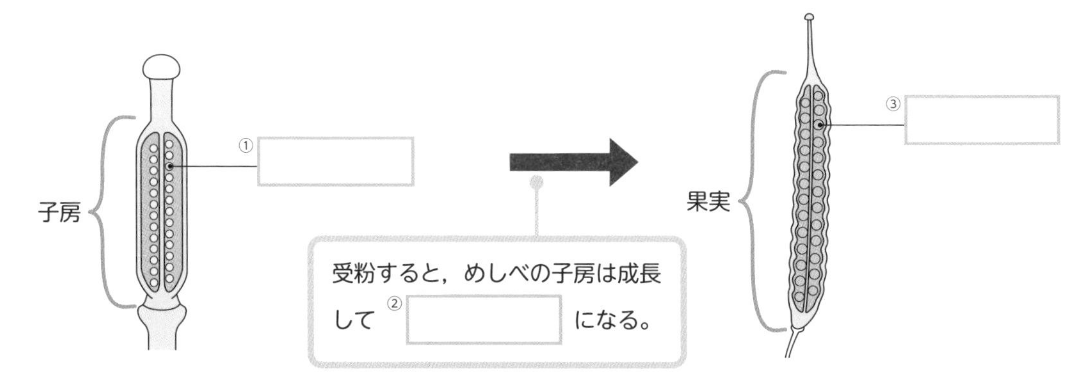

❷ 物質の状態変化

p.10~13

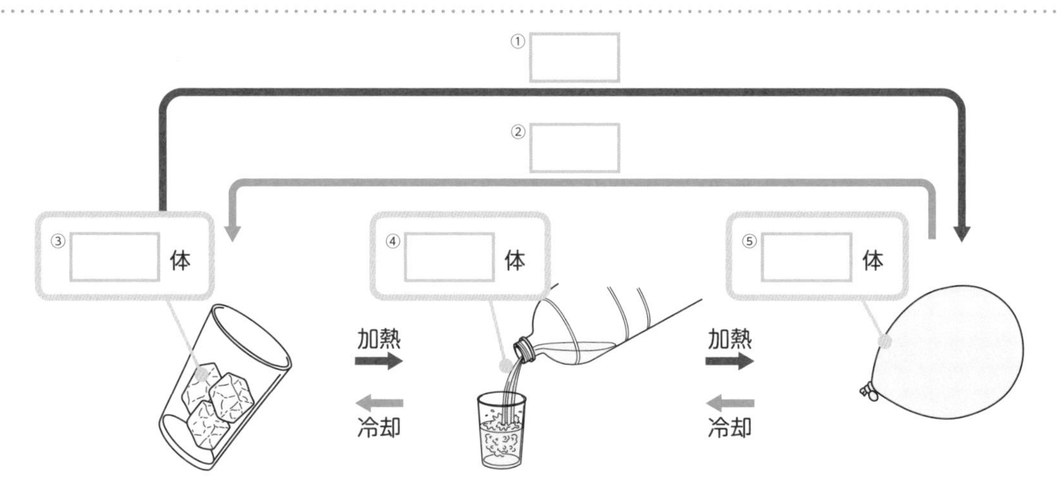

❸ 凸レンズの焦点

p.14~17

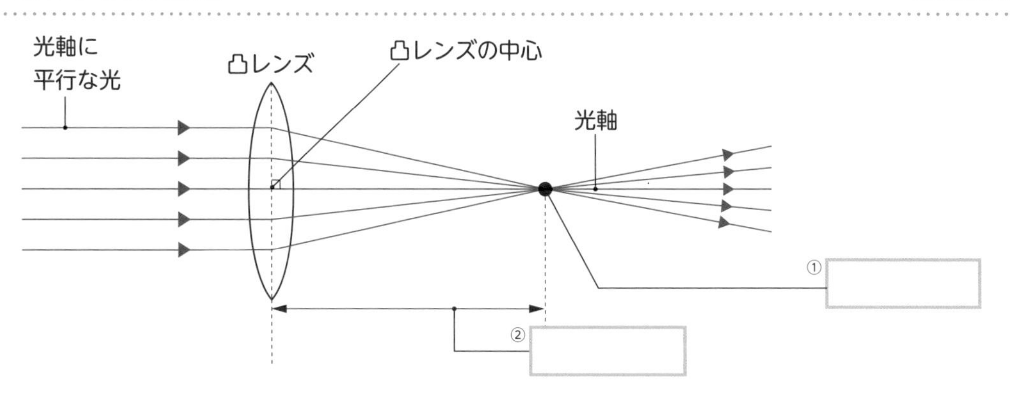

解答
❶①胚珠 ②果実 ③種子 ❷①加熱 ②冷却 ③固 ④液 ⑤気
❸①焦点 ②焦点距離

④ 火山灰にふくまれる主な鉱物

p.18~21

無色鉱物		有色鉱物				
①	②	③	角セン石	輝石	④	磁鉄鉱(じてっこう)
・不規則に割れる ・無色・白色	・柱状(ちゅうじょう)・短冊状(たんざくじょう) ・無色～白色・うす桃色(もも)	・板状・六角形 ・黒色～褐色(かっしょく) ・うすくはがれる	・長い柱状・針状(しんじょう) ・濃(こ)い緑色～黒色	・短い柱状・短冊状 ・緑色～褐色	・丸みのある短い柱状 ・黄緑色(きみどり)～褐色	・正八面体 ・黒色 ・磁石につく

⑤ 呼吸

p.22~25

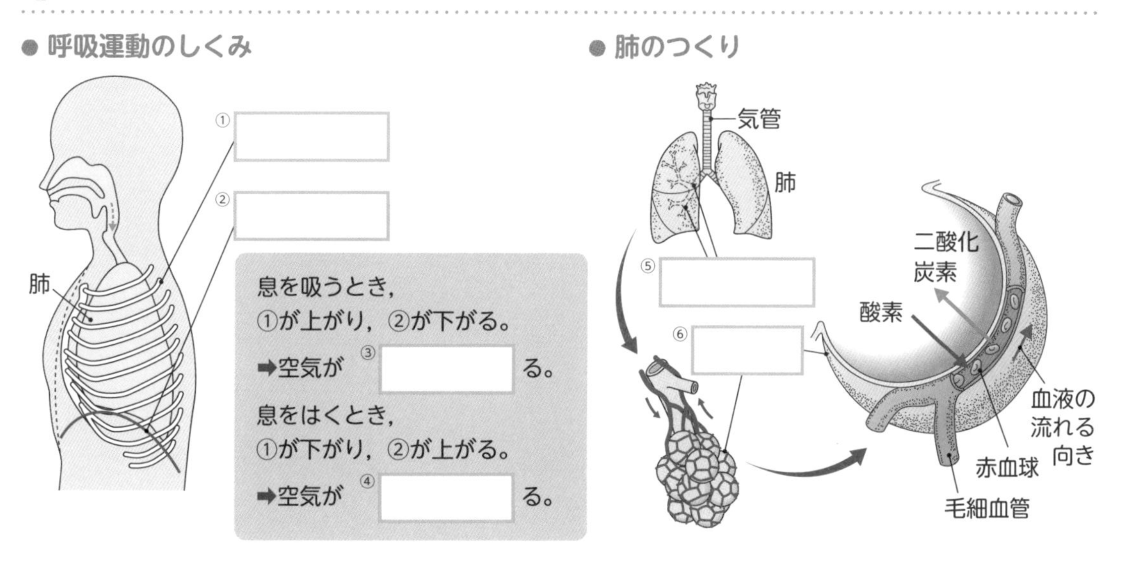

⑥ 刺激に対する反応

p.22~25

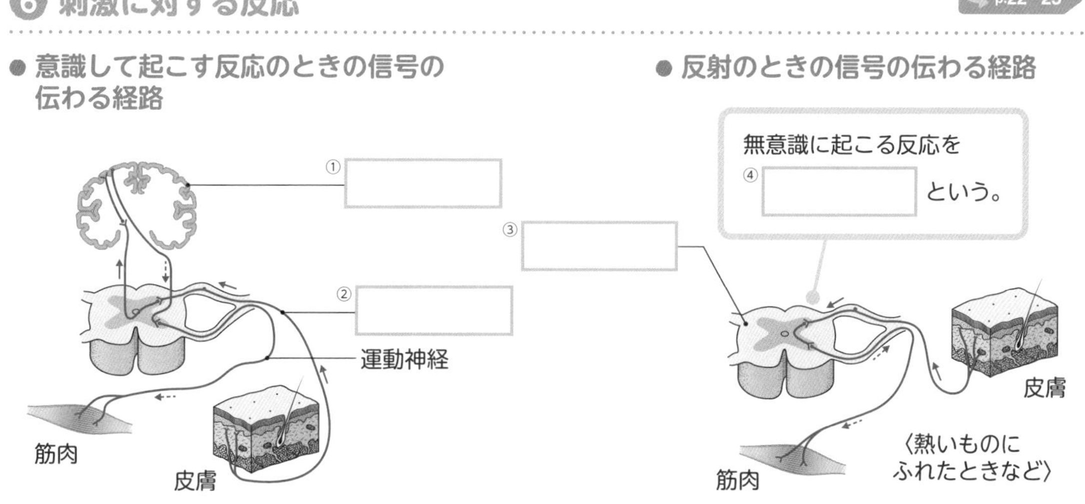

解答 ④①石英　②長石　③黒雲母　④カンラン石　⑤①ろっ骨　②横隔膜　③入　④出　⑤気管支　⑥肺胞
⑥①脳　②感覚神経　③脊髄　④反射

⑦ 炭酸水素ナトリウムの熱分解

p.26~29

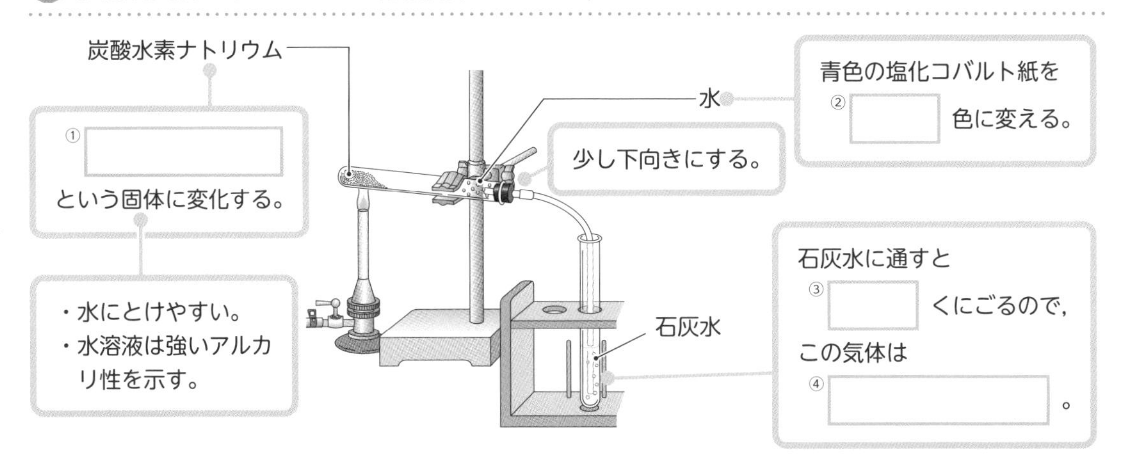

⑧ 電子線

p.30~33

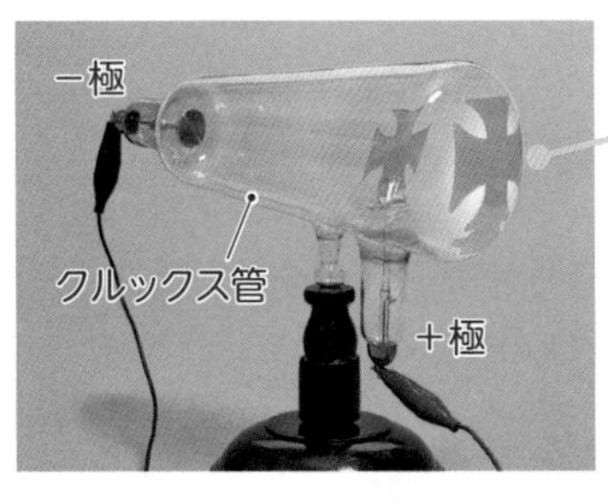

大きな電圧を加えると，① 極のうしろに十字形の金属板の影(かげ)ができる。

↓

何かが ② 極から ③ 極に向かって出ているのがわかる。これが ④ 線である。

電極板の＋極

電極板の－極

上下方向に電圧を加えると，電子線は電極板(でんきょくばん)の ⑤ 極のほうに曲がる。

⑨ 寒冷前線・温暖前線

p.34~37

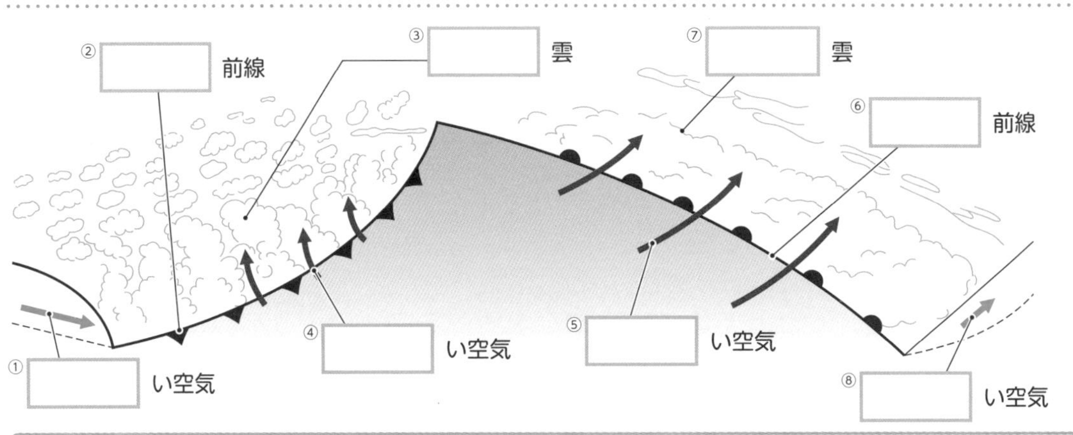

解答 ⑦①炭酸ナトリウム ②赤（桃） ③白 ④二酸化炭素 ⑧①＋ ②－ ③＋ ④電子（陰極） ⑤＋
⑨①冷た ②寒冷 ③積乱 ④あたたか ⑤あたたか ⑥温暖 ⑦乱層 ⑧冷た

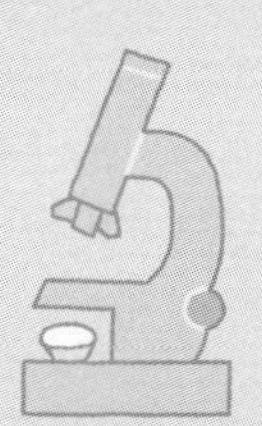

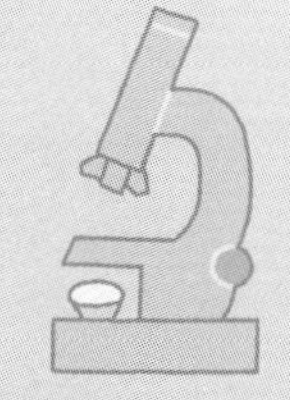
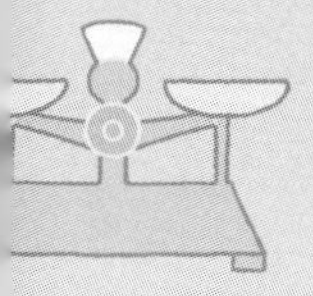

コーチと入試対策！

8日間 完成

中学1・2年の総まとめ 理科

解答と解説

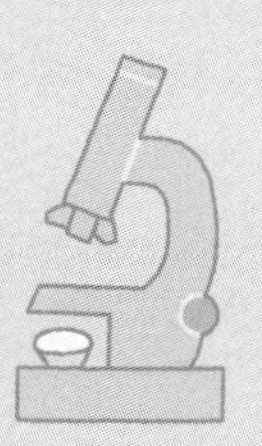

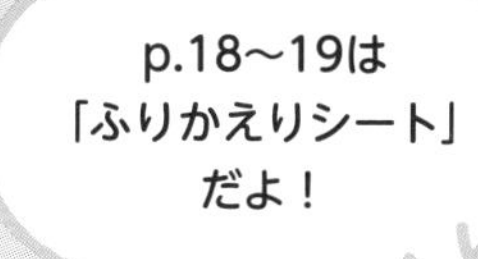

p.18～19は
「ふりかえりシート」
だよ！

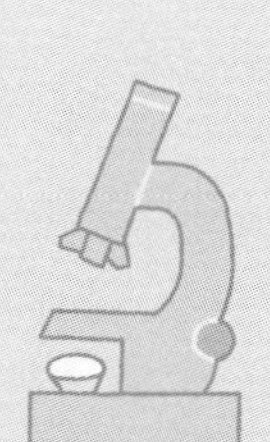

「解答と解説」は
取りはずして使おう！

1日目 いろいろな生物とその共通点

要点を確認しよう p.6~7

1 ①柱頭 ②子房 ③胚珠 ④受粉 ⑤種子植物 ⑥双子葉類 ⑦網状脈 ⑧平行脈 ⑨ひげ根
2 ①被子植物 ②裸子植物
3 ①コケ植物 ②胞子

問題を解こう p.8~9

1 (1)網目状になっている葉脈を網状脈，平行になっている葉脈を平行脈という。

(2)(3) 重要 太い主根と細い側根をもつ植物の葉脈は網状脈，ひげ根をもつ植物の葉脈は平行脈である。

(4)(5)２枚の子葉をもつ植物を双子葉類，１枚の子葉をもつ植物を単子葉類という。双子葉類の葉脈は網状脈で，根は主根と側根からなる。単子葉類の葉脈は平行脈で，根はひげ根である。

2 (1)~(5)イヌワラビとゼニゴケは，胞子のうの中につくられる胞子によってふえる。イヌワラビの胞子のうは葉の裏にある。ゼニゴケは雄株と雌株に分かれていて，胞子のうは雌株にある。

(6)(7) 注意 イヌワラビのなかまをシダ植物，ゼニゴケのなかまをコケ植物という。シダ植物もコケ植物も胞子でふえるため，花はさかない。

(8)スギゴケはコケ植物，スギとマツは裸子植物である。

1 図１は，被子植物の葉の葉脈のようすを，図２は，被子植物の根のようすを模式的に表したものである。これについて，次の問いに答えなさい。 3点×9（27点）

(1) 図１のㇵ，ㇶのような葉脈をそれぞれ何というか。
ㇵ（ 平行脈 ）
ㇶ（ 網状脈 ）

(2) 図１のㇵのような葉脈をもつ植物の根のようすを，図２のㇷ，ㇸから選びなさい。（ ㇸ ）

(3) 図２のa，bのような根をそれぞれ何というか。
a（ 側根 ） b（ 主根 ）

(4) 図１のㇵ，ㇶのような葉脈をもつ植物の子葉はそれぞれ何枚か。
ㇵ（ １枚 ） ㇶ（ ２枚 ）

(5) (4)のような子葉の数をもつ植物のなかまを，それぞれ何類というか。
ㇵ（ 単子葉類 ） ㇶ（ 双子葉類 ）

図１ ㇵ ㇶ
図２ ㇷ ㇸ a b

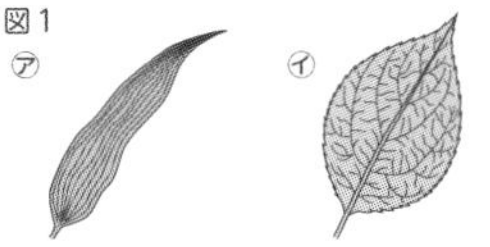

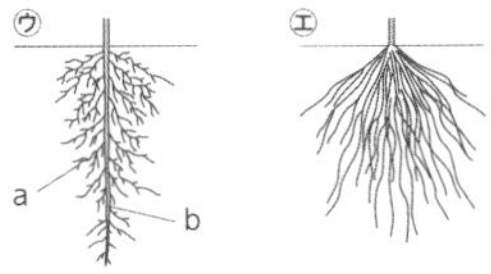

2 右の図は，イヌワラビとゼニゴケを表したものである。これについて，次の問いに答えなさい。 3点×9（27点）

(1) イヌワラビとゼニゴケは，何によってふえるか。（ 胞子 ）

(2) (1)が入っている体の部分を何というか。（ 胞子のう ）

(3) イヌワラビの(2)はどこにあるか。次の**ア**~**ウ**から選びなさい。（ イ ）
ア 葉の表 **イ** 葉の裏
ウ 葉の表と裏

(4) ゼニゴケの(2)は，図のㇵ，ㇶのどちらにあるか。（ ㇶ ）

(5) (4)は，雌株(めかぶ)か雄株(おかぶ)か。（ 雌株 ）

(6) イヌワラビとゼニゴケのなかまを，それぞれ何植物というか。
イヌワラビ（ シダ植物 ） ゼニゴケ（ コケ植物 ）

(7) イヌワラビとゼニゴケには，花がさくか，さかないか。（ さかない。 ）

(8) イヌワラビと同じなかまを，次の**ア**~**オ**からすべて選びなさい。（ イ，エ ）
ア スギ **イ** ゼンマイ **ウ** スギゴケ **エ** スギナ **オ** マツ

イヌワラビ ゼニゴケ ㇵ ㇶ

実力アップ！

植物を分類しよう！

植物
- 種子植物
  - 被子植物
    - 単子葉類
    - 双子葉類
  - 裸子植物
- シダ植物，コケ植物

4 ①脊椎動物　②魚　③鳥　④卵生　⑤胎生
5 ①無脊椎動物　②節足動物　③軟体動物

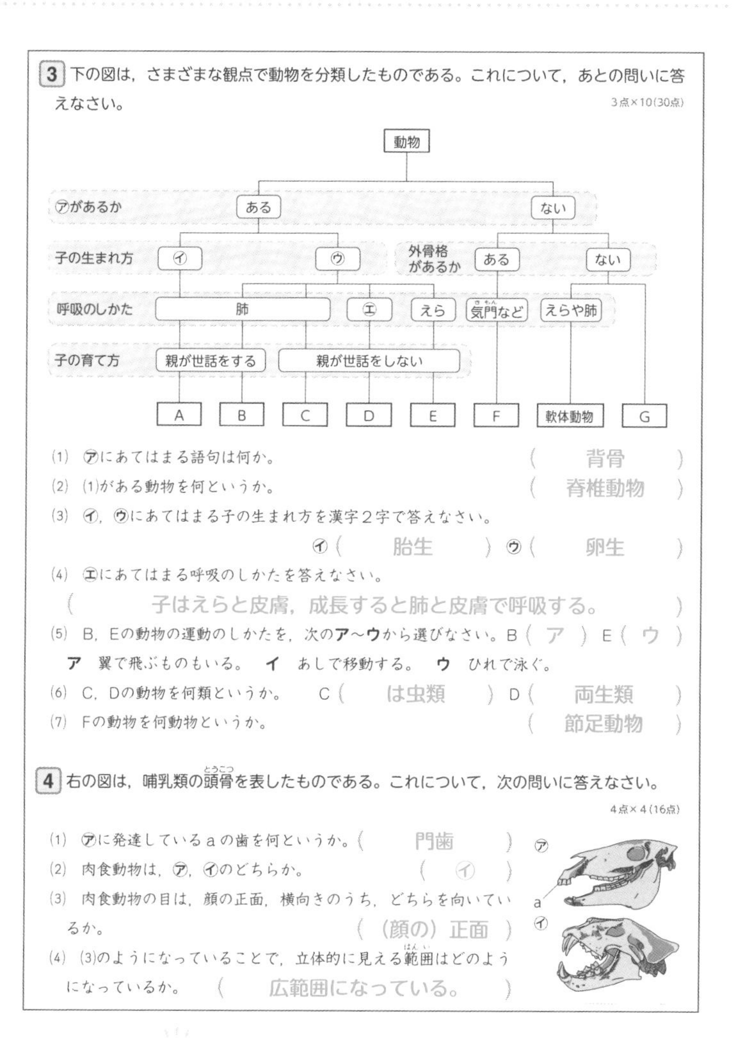

3 下の図は，さまざまな観点で動物を分類したものである。これについて，あとの問いに答えなさい。

3点×10(30点)

動物
㋐があるか　ある　ない
子の生まれ方　㋑　㋒　外骨格があるか　ある　ない
呼吸のしかた　肺　㋓　えら　気門など　えらや肺
子の育て方　親が世話をする　親が世話をしない
A　B　C　D　E　F　軟体動物　G

(1) ㋐にあてはまる語句は何か。（背骨）
(2) (1)がある動物を何というか。（脊椎動物）
(3) ㋑，㋒にあてはまる子の生まれ方を漢字２字で答えなさい。
㋑（胎生）㋒（卵生）
(4) ㋓にあてはまる呼吸のしかたを答えなさい。
（子はえらと皮膚，成長すると肺と皮膚で呼吸する。）
(5) B，Eの動物の運動のしかたを，次のア～ウから選びなさい。B（ア）E（ウ）
ア　翼で飛ぶものもいる。　**イ**　あしで移動する。　**ウ**　ひれで泳ぐ。
(6) C，Dの動物を何類というか。　C（は虫類）D（両生類）
(7) Fの動物を何動物というか。（節足動物）

4 右の図は，哺乳類の頭骨を表したものである。これについて，次の問いに答えなさい。

4点×4(16点)

(1) ㋐に発達しているaの歯を何というか。（門歯）
(2) 肉食動物は，㋐，㋑のどちらか。（㋑）
(3) 肉食動物の目は，顔の正面，横向きのうち，どちらを向いているか。（（顔の）正面）
(4) (3)のようになっていることで，立体的に見える範囲はどのようになっているか。（広範囲になっている。）

3 (1)(2) 重要 背骨をもつ動物を脊椎動物，背骨をもたない動物を無脊椎動物という。

(3)雌の体内である程度成長し，子としての体ができてから生まれることを胎生，雌が体外に卵を産み，子が卵からかえることを卵生という。

(4)両生類（D）は，子はえらと皮膚，親は肺と皮膚で呼吸する。

(5)Bは卵生で，親が子を世話し，肺で呼吸をするので，鳥類である。Eは，えらで呼吸をするので，魚類である。

(6)Aは哺乳類，Bは鳥類，Cはは虫類，Dは両生類，Eは魚類である。

(7)Fは，無脊椎動物で，外骨格があり，気門などで呼吸をすることから節足動物である。

参考 節足動物にはカニなどの甲殻類，バッタなどの昆虫類，クモ，サソリなどのクモ類，ムカデなどの多足類などがある。

4 (1)(2)門歯（a）が発達している㋐が草食動物，犬歯が発達している㋑が肉食動物である。

(3)(4) 注意 肉食動物は，目が顔の正面を向いているため，視野はせまいが立体的に見える範囲が広い。草食動物は，目が横向きについているため，視野が広い。

ポイント

動物を分類しよう！

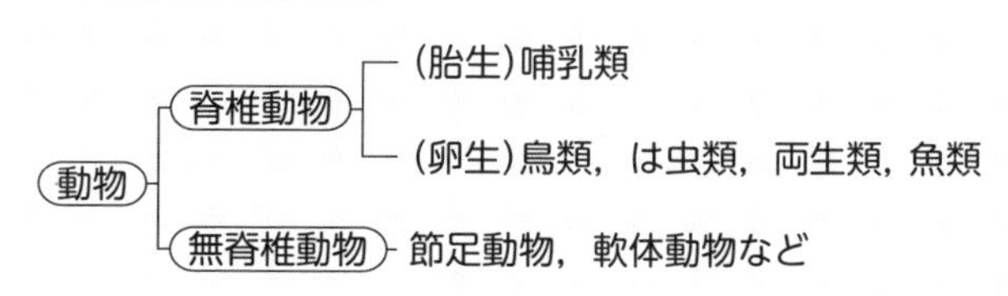

2日目 身のまわりの物質

要点を確認しよう p.10~11

1 ①有機物　②無機物　③金属　④非金属　⑤密度

2 ①酸素　②二酸化炭素　③水上置換法　④下方置換法　⑤上方置換法

問題を解こう p.12~13

1 (1) **注意** 砂糖，デンプンは加熱すると燃えるが，食塩は加熱しても燃えない。

(2)(3) **重要** 砂糖，デンプンは加熱すると二酸化炭素が発生する。そのため，集気びんの中に石灰水を入れて振ると，石灰水が白くにごる。

(4) **参考** 炭素をふくむ物質を有機物といい，加熱すると燃えて二酸化炭素を発生する。砂糖やデンプンのほかに，ロウやプラスチックなども有機物である。

(5) **参考** 有機物以外の物質を無機物という。食塩のほかに，ガラス，スチールウールなども無機物である。

2 (1)石灰石にうすい塩酸を加えると，二酸化炭素が発生する。

(2)二酸化マンガンにうすい過酸化水素水（オキシドール）を加えると，酸素が発生する。

(3)～(5)二酸化炭素は，水に少しとけ，密度は空気より大きいため，水上置換法や下方置換法で集めることができる。また，酸素は，水にとけにくいため，水上置換法で集めることができる。このことから，二酸化炭素にも酸素にも適した集め方は，水上置換法である。

---

1 次のような手順で実験を行った。これについて，あとの問いに答えなさい。　4点×5（20点）

> **手順1**　図1のように，A（砂糖），B（食塩），C（デンプン）を燃焼さじにとってそれぞれ加熱し，燃えたものは集気びんに入れてふたをした。
> **手順2**　火が消えたらとり出し，図2のように，集気びんに石灰水を入れ，ふたをして振った。

図1　アルミニウムはく

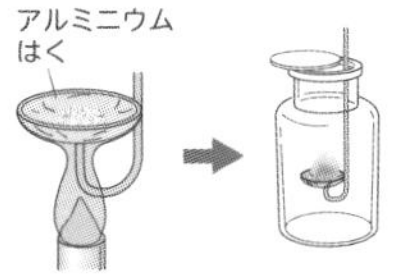

図2　よく振る。　石灰水

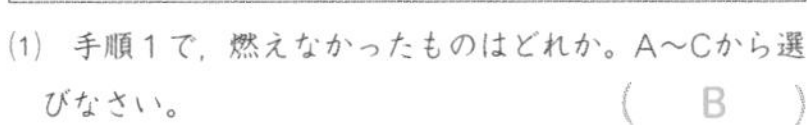

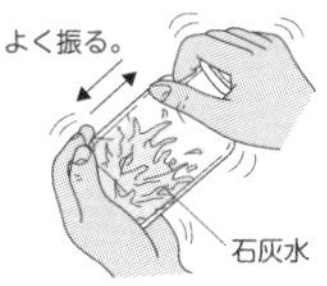

(1) 手順1で，燃えなかったものはどれか。A～Cから選びなさい。　（　B　）

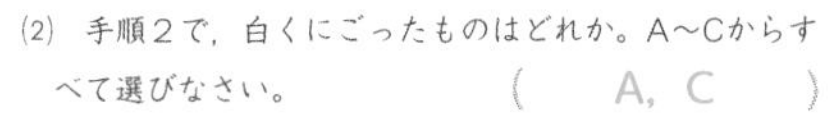

(2) 手順2で，白くにごったものはどれか。A～Cからすべて選びなさい。　（　A，C　）

(3) 手順2で，石灰水を白くにごらせた気体は何か。　（　二酸化炭素　）

(4) 燃えたときに，(3)の気体が発生する物質を何というか。　（　有機物　）

(5) (4)以外の物質を何というか。　（　無機物　）

2 右の図のような装置を使って，気体を発生させた。これについて，次の問いに答えなさい。　4点×5（20点）

液体(B)　気体　固体(A)

(1) Aに石灰石，Bにうすい塩酸を用いると，何という気体が発生するか。　（　二酸化炭素　）

(2) Aに二酸化マンガン，Bにうすい過酸化水素水（オキシドール）を用いると，何という気体が発生するか。　（　酸素　）

(3) (1)，(2)で発生する気体を集めるとき，どちらの気体にも適した集め方は，次の㋐～㋒のどれか。　（　㋐　）

㋐ 気体　気体　水

㋑ 気体

㋒ 気体

(4) (3)の集め方を何というか。　（　水上置換法　）

(5) (4)の方法で集めることができる気体には，どのような性質があるか。　（　水にとけにくい性質。　）

実力アップ！

有機物と無機物を区別しよう！

●**有機物**…炭素をふくむ物質。
　例：砂糖，ロウ，エタノール，紙，プラスチックなど

●**無機物**…有機物以外の物質。
　例：食塩，酸素，金属，ガラス，水など

3 ①状態変化　②沸点　③融点　④純粋な物質　⑤混合物　⑥蒸留
4 ①溶質　②溶媒　③溶液　④溶解度　⑤飽和　⑥飽和水溶液　⑦再結晶　⑧質量パーセント濃度

3 右の図のような装置で赤ワインを加熱して沸騰させ，出てきた気体を冷やして，３本の試験管㋐，㋑，㋒の順に液体を集めた。これについて，次の問いに答えなさい。　4点×5（20点）

(1) 図のAは，急な沸騰を防ぐためにフラスコに入れる。これを何というか。（　沸騰石　）

(2) この実験では，火を消す前にゴム管の先を試験管の中の液体からぬいておく必要がある。それはなぜか。

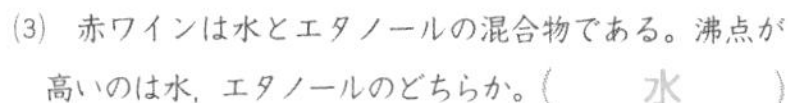
（試験管の液体が逆流するのを防ぐため。）

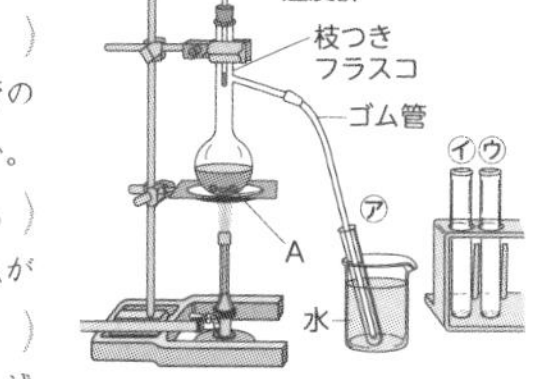

(3) 赤ワインは水とエタノールの混合物である。沸点が高いのは水，エタノールのどちらか。（　水　）

(4) エタノールのにおいが最も強く感じられたのは，試験管㋐～㋒のどれか。（　㋐　）

(5) この実験のように，液体を沸騰させて気体にし，それを冷やして再び液体にして集める方法を何というか。（　蒸留　）

4 右の表は，100gの水にとける硝酸（しょうさん）カリウムの質量を表したものである。これについて，次の問いに答えなさい。　5点×8（40点）

(1) 硝酸カリウム水溶液における溶媒と溶質はそれぞれ何か。
溶媒（　水　）　溶質（　硝酸カリウム　）

(2) 表から，80℃の水100gに，硝酸カリウムは最大何gまでとけることがわかるか。（　168.8g　）

(3) (2)の質量までとかした水溶液を何というか。（　飽和水溶液　）

100gの水にとける硝酸カリウムの質量

水の温度〔℃〕	硝酸カリウムの質量〔g〕
0	13.3
20	31.6
40	63.9
60	109.2
80	168.8

(4) 80℃の水100gに，硝酸カリウムをとけるだけとかして，硝酸カリウム水溶液をつくった。この水溶液の質量パーセント濃度は何%か。小数第１位を四捨五入して答えなさい。（　63%　）

(5) (4)の水溶液を40℃まで冷やすと，何gの硝酸カリウムの結晶が得られるか。（　104.9g　）

(6) (5)のように，一度とかした物質を再び結晶としてとり出すことを何というか。（　再結晶　）

(7) 硝酸カリウムの結晶はどのような形をしているか。右の㋐～㋒から選びなさい。（　㋐　）

㋐

㋑
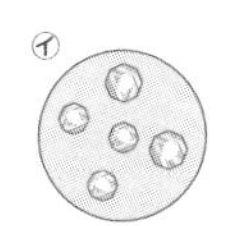
㋒
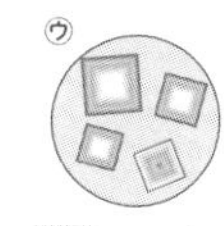

3 (1) 重要 沸騰石を入れないと，液体が急に沸騰して危険である。
(2) 重要 ゴム管の先を試験管の中の液体からぬかないで火を消すと，試験管の中の液体が枝つきフラスコの中へ逆流してしまう。
(3) エタノールの沸点は78℃，水の沸点は100℃である。
(4) 注意 沸点の低いエタノールが先に気体となって出てくる。したがって，１本目の試験管にはエタノールが多くふくまれている。２本目，３本目の試験管へ進むにつれて，しだいにエタノールの割合が少なくなり，水の割合が多くなる。
(5) 重要 蒸留は，混合物中の物質の沸点のちがいを利用している。

4 (1) 溶媒の水に，溶質の硝酸カリウムがとけている。
(2)(3) 硝酸カリウムの80℃での溶解度は168.8gである。溶解度までとけている溶液を飽和水溶液という。
(4) 質量パーセント濃度は，

$$\frac{168.8\text{g}}{100\text{g}+168.8\text{g}}\times100=62.7\cdots$$

小数第１位を四捨五入して，63%
(5) 168.8g－63.9g＝104.9g
(6) 再結晶では，純粋な物質を得ることができる。
(7) 参考 ㋑はミョウバン，㋒は塩化ナトリウムの結晶である。

ポイント

物質の状態変化についてまとめよう！

・体積が変化する。
・質量は変化しない。
・密度が変化する。

固体 ⇄（加熱／冷却）液体 ⇄（加熱／冷却）気体
固体 →（加熱）気体，気体 →（冷却）固体

3日目 身のまわりの現象

要点を確認しよう p.14~15

1 ①光の直進 ②光の反射 ③反射の法則 ④乱反射 ⑤光の屈折 ⑥全反射
2 ①焦点 ②焦点距離 ③実像 ④虚像

問題を解こう p.16~17

1 (1) 注意 物体と同じ大きさの像ができるのは，焦点距離の２倍の位置に物体を置いたときである。よって，焦点距離は，
8 cm÷２＝４cm

(2)(3) 重要 焦点までは，物体と凸レンズの距離が近くなるほど，スクリーンにできる像は凸レンズから遠ざかり，大きくなる。

(4)物体を焦点の位置に置くと，凸レンズを通った光は平行な光になり，像はできない。

(5)(6)物体の先端から出て，光軸に平行に進み，凸レンズで屈折して焦点を通る光の道すじの反対方向の延長線と，凸レンズの中心を通る光の道すじの延長線が交わるところが虚像の先端になる。

2 (1)(4)弦を強くはじくと，振幅が大きくなり，大きい音が出る。

(2)(3)(5)弦の太さを細くしたり，弦の長さを短くしたりすると，振動数が多くなり，高い音が出る。

---

1 右の図のように，凸レンズの中心から８cmの距離に物体を置いたところ，凸レンズからの距離が８cmのところに置いたスクリーンに，物体と同じ大きさの像ができた。これについて，次の問いに答えなさい。 4点×6（24点）

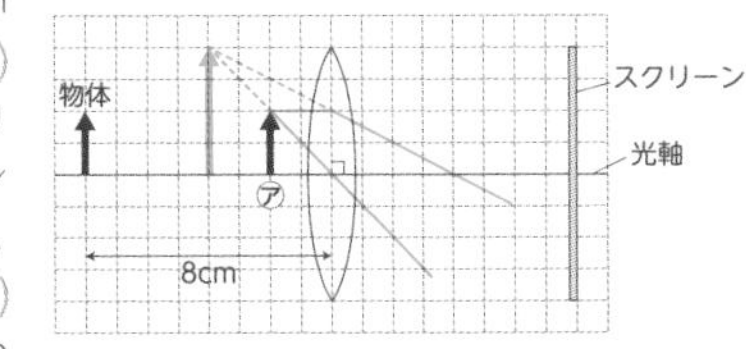

(1) この凸レンズの焦点距離は何cmか。 （ 4cm ）
(2) 物体を凸レンズに近づけ，スクリーンに像を映したとき，スクリーンの位置は，凸レンズに近くなるか，遠くなるか。（ 遠くなる。 ）
(3) (2)のとき，スクリーンに映る像の大きさは，物体よりも大きいか，小さいか。 （ 大きい。 ）
(4) 物体を焦点の位置に置くと，スクリーンに像はできるか。 （ できない。 ）
(5) 物体の位置を㋐に動かすと，凸レンズを通して見える像の位置と大きさはどのようになるか。図に矢印でかきなさい。ただし，作図に用いた補助線を残しておくこと。
(6) (5)のとき，凸レンズを通して見える像を何というか。 （ 虚像 ）

2 下の図のように，モノコードの弦をはじいて，音の大きさや高さについて調べた。これについて，あとの問いに答えなさい。 4点×8（32点）

図1

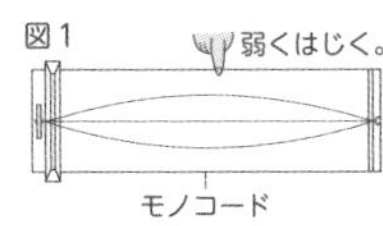

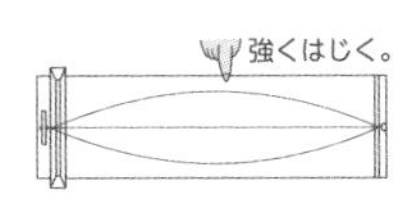

図2

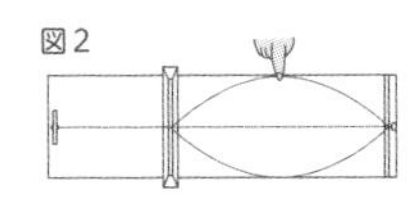

(1) 図１のように，弦を弱くはじくと，弦を強くはじいたときと比べて，音の大きさと高さはそれぞれどうなるか。 大きさ（ 小さくなる。 ） 高さ（ 変わらない。 ）
(2) 弦の長さは図１のままで，弦の太さを細くして弦をはじくと，弦の太さが太いときと比べて，音の大きさと高さはそれぞれどうなるか。ただし，弦をはじく強さは図１と同じとする。 大きさ（ 変わらない。 ） 高さ（ 高くなる。 ）
(3) 図２のように，弦の長さを短くして弦をはじくと，弦が長いときと比べて，音の大きさと高さはそれぞれどうなるか。ただし，弦をはじく強さは図１と同じとする。 大きさ（ 変わらない。 ） 高さ（ 高くなる。 ）
(4) 音の大きさは，音源の何に関係しているか。 （ 振幅（振れ幅） ）
(5) 音の高さは，音源の何に関係しているか。 （ 振動数（振動する回数） ）

ポイント

凸レンズを通る光の進み方をまとめよう！

①光軸に平行→焦点を通る。
②凸レンズの中心を通る→直進する。
③焦点を通る→光軸に平行に進む。

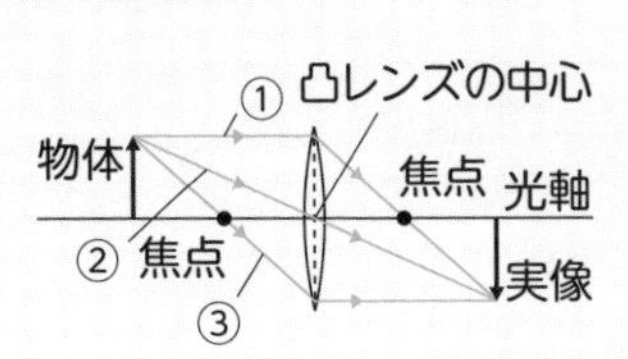

3 ①音源　②340　③振幅　④振動数　⑤ヘルツ
4 ①作用点　②フックの法則　③重力　④質量　⑤つり合っている　⑥垂直抗力

3 右の図のように，ばねに600gのおもりをつるしたところ，ばねののびは3cmになった。100gの物体にはたらく重力の大きさを1Nとし，ばねの質量は考えないものとして，次の問いに答えなさい。 4点×6（24点）

(1) 600gのおもりをつるすと，ばねには何Nの力がはたらくか。（ 6N ）

(2) このばねを1cmのばすのに何Nの力が必要か。（ 2N ）

(3) 加えた力の大きさとばねののびの間には，どのような関係があるか。（ 比例（の関係）)

(4) このばねを手で引くとばねののびが4.5cmになった。このとき，手がばねを引いている力は何Nか。（ 9N ）

3cm
600g

(5) このばねを月面上へ持って行き，あるおもりをつるすと，ばねののびは2cmになった。ただし，月面上での重力の大きさは地球上の$\frac{1}{6}$とする。

① このとき，おもりがばねを引く力の大きさは何Nか。（ 4N ）

② 地球上で，このおもりにはたらく重力は何Nか。（ 24N ）

4 下の図は，ある物体にはたらく2つの力を，力の矢印で表したものである。これについて，あとの問いに答えなさい。 4点×5（20点）

㋐　㋑　㋒　㋓　㋔　㋕

(1) 物体が動かないものはどれか。㋐～㋕からすべて選びなさい。（ ㋐，㋒，㋔ ）

(2) (1)のようなとき，2つの力はどうなっているというか。（ つり合っている。）

(3) (2)のようなとき，2つの力には3つの条件が必要である。その3つの条件を答えなさい。

①～③は順不同。①2つの力は，（ 大きさが等しい ）。
②2つの力は，（ 一直線上にある ）。
③2つの力は，（ 向きが反対である ）。

実力アップ！

重力と質量を区別しよう！

例：月面上の重力の大きさを地球上の$\frac{1}{6}$とする。

●**重力**…場所によって変化する。例：地球上6N，月面上1N
●**質量**…場所によって変化しない。例：地球上と月面上のどちらも600g

3 (1)100gの物体にはたらく重力の大きさは1Nなので，600gの物体には6Nの重力がはたらく。

(2)(3)ばねののびは，ばねに加えた力の大きさに比例する。よって，このばねを1cmのばすのに必要な力は，

$$6\,\text{N}\times\frac{1\,\text{cm}}{3\,\text{cm}}=2\,\text{N}$$

(4)このばねを1cmのばすのに2Nの力が必要である。よって，このばねを4.5cmのばすのに必要な力は，

$$2\,\text{N}\times\frac{4.5\,\text{cm}}{1\,\text{cm}}=9\,\text{N}$$

(5)①ばねののびが3cmなので，おもりがばねを引く力は，

$$2\,\text{N}\times\frac{2\,\text{cm}}{1\,\text{cm}}=4\,\text{N}$$

②月面上では重力の大きさが$\frac{1}{6}$になるので，地球上でこの物体にはたらく重力の大きさは，

$4\,\text{N}\times6=24\,\text{N}$

4 2つの力がつり合っているとき，2つの力には次のことが成り立つ。

・2つの力は大きさが等しい。
・2つの力は一直線上にある。
・2つの力は向きが反対である。

4日目 大地の変化

要点を確認しよう　p.18~19

1. ①マグマ　②火山噴出物　③鉱物　④火成岩　⑤火山岩　⑥深成岩　⑦斑状　⑧等粒状　⑨ハザードマップ
2. ①震度　②マグニチュード（M）　③震源　④震央

問題を解こう　p.20~21

1 (1) 注意 火山は，マグマが上昇して地表にふき出してできた。

(2)マグマのねばりけが弱いと，溶岩はうすく広がり，傾斜のゆるやかな形になる。マグマのねばりけが強いと，溶岩が流れにくく，おわんをふせたような形になる。

(3)(4)マグマのねばりけが強いと，爆発的な噴火になり，溶岩は白っぽくなる。

(5) 参考 雲仙普賢岳（長崎県）や昭和新山（北海道）は盛り上がった形をしている。伊豆大島火山（東京都）や桜島（鹿児島県）は円すい形をしている。

2 (1)~(3) 重要 地震のゆれは，震央から同心円状に広がっていることから，ほぼ同じ速さで広がっていくことがわかる。

(4)ゆれが広がる速さは，

$$\frac{68\text{km}}{11\text{s}}=6.18\cdots\text{km/s}$$

よって，6.2km/s

(5)震度は，ふつう，震源に近いほど大きくなる。しかし，地盤の性質のちがいによって，震源からの距離が同じでも，震度が異なることがある。

1 右の図は，火山の形を模式的に表したものである。これについて，次の問いに答えなさい。　4点×6（24点）

A（円すいの形）　B（ドーム状の形）

(1) 図のように火山の形がちがうのは，何のねばりけがちがうからか。（ マグマ ）

(2) (1)のねばりけが弱いのは，図のA，Bのどちらか。（ A ）

(3) 爆発的な噴火をするのは，図のA，Bのどちらか。（ B ）

(4) 溶岩が白っぽいものは，図のA，Bのどちらか。（ B ）

(5) 次の火山は，図のA，Bのどちらにあてはまるか。①（ B ）②（ A ）
① 雲仙普賢岳（平成新山）　② 伊豆大島火山

2 右の図は，大阪府北部で起こった地震のゆれが到達するまでにかかった時間と，その時間を10秒間ごとに色分けし，境界を線で結んだものである。○は，地震発生から各地でゆれ始めるまでの時間である。これについて，次の問いに答えなさい。　4点×6（24点）

京都　静岡　×は震央　0　100km

(1) 下線部の線は，震央からどのように広がっているか。（ 同心円状 ）

(2) (1)から，地面のゆれは，震央から四方にどのような速さで広がっていくといえるか。（ 同じ速さ ）

(3) 震央から離れた地点ほど，ゆれ始める時間はどうなっているか。（ おそくなっている。 ）

(4) 震源から京都府福知山市までの距離は68km，地震が発生してから地震のゆれが始まるまでの時間は11秒であった。この地震のゆれの広がる速さは何km/sか。四捨五入して，小数第1位まで求めなさい。（ 6.2km/s ）

(5) 京都と静岡では，震度が大きかったのはどちらだと考えられるか。また，そのように考えた理由を答えなさい。
震度が大きいほう（ 京都 ）
理由（（ふつう，）震源に近いほど，ゆれが強くなるから。）

ポイント

火山の形とマグマのねばりけ，溶岩の色をまとめよう！

・火山の形　おわんをふせた形　傾斜がゆるやか

・マグマのねばりけ　強い ←→ 弱い
・溶岩の色　白っぽい ←→ 黒っぽい

③ ①初期微動　②主要動　③P波　④S波　⑤初期微動継続時間　⑥津波　⑦隆起　⑧沈降
④ ①風化　②侵食　③運搬　④堆積　⑤断層　⑥しゅう曲　⑦堆積岩　⑧示相化石　⑨示準化石
⑩地質年代　⑪プレート

3 右の図の化石について，次の問いに答えなさい。　4点×8（32点）

(1) A～Cの化石の名称をそれぞれ答えなさい。
A（ アンモナイト ）
B（ サンヨウチュウ ）
C（ ビカリア ）

A　B　C

(2) A～Cの化石は，いずれも堆積した年代を知る手がかりになる化石である。このような化石を何というか。（ 示準化石 ）

(3) (2)の化石にはどのような特徴があるか。次の**ア**～**エ**からすべて選びなさい。（ ア，エ ）

ア　限られた時代の地層にしか見られない。
イ　せまい範囲で栄えた。
ウ　いくつかの時代の地層に見られる。
エ　広い範囲で栄えた。

(4) A～Cの化石をふくむ地層が堆積した年代を，それぞれ古生代，中生代，新生代から選びなさい。　A（ 中生代 ）B（ 古生代 ）C（ 新生代 ）

4 右の図は，日本列島付近の地下の断面を模式的に表したものである。これについて，次の問いに答えなさい。　4点×5（20点）

(1) 図の①，②にあてはまる語句を書きなさい。
①（ 陸 ）
②（ 海 ）

(2) ②のプレートの進む向きは，a，bのどちらか。（ a ）

(3) プレートがつくられている場所は，図の㋐，㋑のどちらか。（ ㋑ ）

(4) ㋐の付近では，大きな地震がよく発生する。次のA～Cの図を，Cを最初として，地震が起こるしくみを表す順に並べなさい。（ C → A → B ）

①のプレート　㋐　㋑　a　b　②のプレート

A　プレートが沈みこむ。　②のプレート　①のプレート
B　プレートがはね上がる。
C

3 (1)(2)アンモナイト，サンヨウチュウ，ビカリアは，堆積した年代を示す示準化石である。

(3) 注意 示準化石は，限られた時代の地層にしか見られないため，その時代を示す目印になる。また，広い範囲で栄えたことから，離れた地域にある地層が同じ時代にできたことがわかる。

(4) 参考 地質年代は，示準化石などをもとにして，約5.4億年前からの古生代，約2.5億万年前からの中生代，約0.66億年前からの新生代などに区分されている。

4 (1)(2)日本列島付近では，海のプレートが陸のプレートの下に沈みこんでいる。

(3) 重要 海嶺（㋑）は，地球内部の物質によってつくられる大山脈である。海のプレートは，その海嶺でつくられる。
日本海溝（㋐）は，海底で深い溝のようになっているところで，海のプレートが陸のプレートの下に沈みこんでいて，大規模な地震が発生しやすい。

(4)海のプレートが沈みこむと，陸のプレートが引きずりこまれてひずみ，そのひずみが蓄積されて限界に達すると，陸のプレートがはね上がり，地震が起こる。

実力アップ！

示相化石と示準化石を区別しよう！

●**示相化石**…地層が堆積した当時の環境を示す化石。
例：サンゴ，シジミ，ブナ，カキ，ヒトデ

●**示準化石**…地層が堆積した年代を示す化石。
例：フズリナ，恐竜，ナウマンゾウ

5日目 生物の体のつくりとはたらき

要点を確認しよう　p.22~23

1 ①細胞膜　②核　③細胞壁　④細胞呼吸　⑤単細胞生物　⑥多細胞生物　⑦組織

2 ①光合成　②呼吸　③蒸散　④気孔　⑤維管束

問題を解こう　p.24~25

1 (1)(2) 重要 酢酸カーミン液や酢酸オルセイン液で染色すると，細胞の核が赤く染まる。

(3)(4) 注意 動物の細胞には，細胞壁がない。

(5)Aは対物レンズ，Bは調節ねじ，Cはステージ，Dはしぼり，Eは反射鏡である。反射鏡の角度としぼりを調節した後，プレパラートをステージにのせる。次に，横から見ながら調節ねじを回してプレパラートをできるだけ対物レンズに近づける。そのあと，接眼レンズをのぞきながら調節ねじを回して対物レンズとプレパラートを離していき，ピントを合わせる。

2 (1) 参考 息をふきこむと，息の中の二酸化炭素がBTB溶液にとける。二酸化炭素は，水にとけると酸性を示す性質がある。
BTB溶液はアルカリ性で青色，中性で緑色，酸性で黄色になる。

(2)Aは，オオカナダモが入っていないので変化しない。Bは，日光が当たらないのでオオカナダモが光合成を行うことができない。Cは，日光が当たるためオオカナダモが光合成を行い，二酸化炭素を使うため，液が酸性からもとのアルカリ性にもどる。

(3)BとCでは，日光が当たっているか，当たっていないかがちがう。

---

1 図1，2は，タマネギの表皮の細胞，ヒトの頬の内側の粘膜の細胞のいずれかを顕微鏡で観察したものである。これについて，次の問いに答えなさい。　5点×5（25点）

(1) 染色液として，何という薬品を用いるとよいか。（ 酢酸カーミン液 ）（酢酸オルセイン液）

(2) (1)の染色液で，より赤色に染まるのは細胞の何という部分か。（ 核 ）

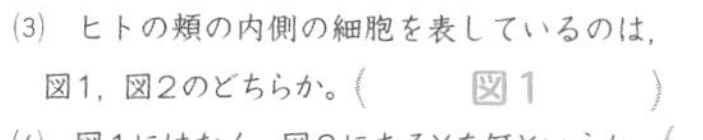

(3) ヒトの頬の内側の細胞を表しているのは，図1，図2のどちらか。（ 図1 ）

(4) 図1にはなく，図2にあるXを何というか。（ 細胞壁 ）

(5) 図3は，この観察に使用した顕微鏡を示している。ア～エを顕微鏡の操作の順に並べなさい。（ エ → ア → イ → ウ ）

ア プレパラートをCにのせる。
イ Bを回して，プレパラートをAに近づける。
ウ Aをプレパラートから離していき，ピントを合わせる。
エ Eの角度とDを調節し，視野が最も明るく見えるようにする。

図1　図2　図3

2 光合成に必要な条件を調べるために，次の手順で実験を行った。これについて，あとの問いに答えなさい。　5点×5（25点）

手順1 青色のBTB溶液に息をふきこんで黄色にし，3本の試験管A～Cに入れる。
手順2 BとCにはほぼ同じ大きさのオオカナダモを入れてゴム栓をし，Bのみ全体をアルミニウムはくでおおう
手順3 右の図のように，3本とも日光に当てる。

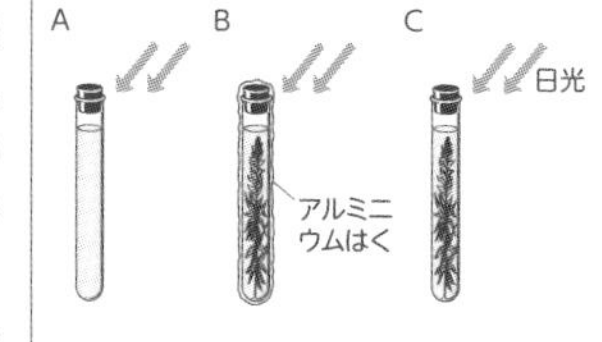

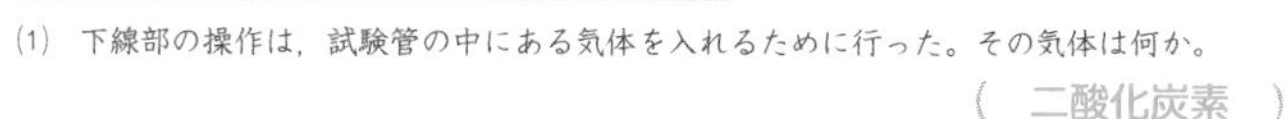

(1) 下線部の操作は，試験管の中にある気体を入れるために行った。その気体は何か。（ 二酸化炭素 ）

(2) 手順3の結果，試験管A～CのBTB溶液の色は，それぞれどうなったか。次のア，イから選びなさい。　A（ ア ）B（ ア ）C（ イ ）

ア 黄色のままで，変化しなかった。　**イ** 青色に変化した。

(3) BとCを比べることによって，光合成には何が必要なことがわかるか。（ 日光（光） ）

ポイント

光合成をまとめよう！

- 植物が行う。
- 光のエネルギーを使う。
- デンプンなどの養分をつくる。
- 酸素を出す。

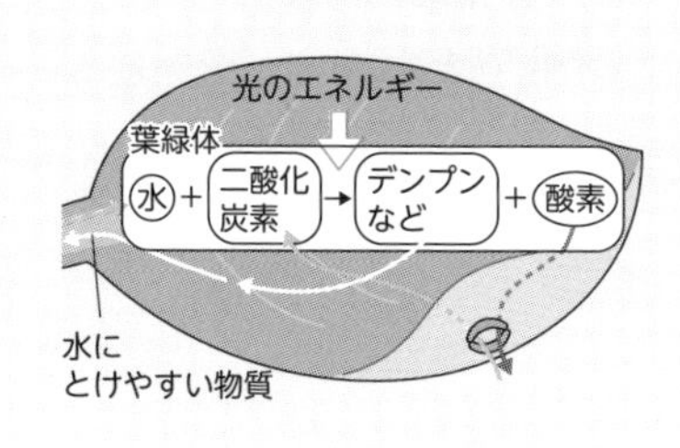

3 ①消化　②消化管　③消化酵素　④吸収　⑤肺胞　⑥動脈　⑦静脈　⑧組織液　⑨肺循環　⑩体循環　⑪動脈血　⑫静脈血　⑬排出

4 ①中枢神経　②末しょう神経　③感覚神経　④運動神経　⑤反射

---

3 右の図は，ヒトの血液の循環を模式的に表したものである。これについて，次の問いに答えなさい。　5点×7（35点）

(1) 血液の経路には，２つの経路①，②がある。それぞれの経路を何というか。

① 心臓から出て，肺を通って心臓にもどる経路。　（　肺循環　）

② 心臓から出て，肺以外の全身を回って心臓にもどる経路。　（　体循環　）

(2) 図のa～dの矢印のうち，血液の流れの向きを表しているのはどれか。aとb，cとdからそれぞれ選びなさい。

aとb（　a　）　cとd（　c　）

(3) 動脈血が流れている血管は，図の㋐～㋓のどれか。すべて答えなさい。

（　㋐，㋓　）

(4) 静脈血が流れている動脈は，図の㋐～㋓のどれか。また，その動脈の名称を答えなさい。

記号（　㋑　）　名称（　肺動脈　）

4 右の図は，ヒトの神経系を模式的に表したものである。次の反応について，あとの問いに答えなさい。　5点×3（15点）

反応1　ジョギングをしていたら，スニーカーの中に石が入って痛かったので，スニーカーを脱いで石を出した。

反応2　調理をしていたら，火にかけた熱いなべに手がふれて，思わず手を引っこめた。

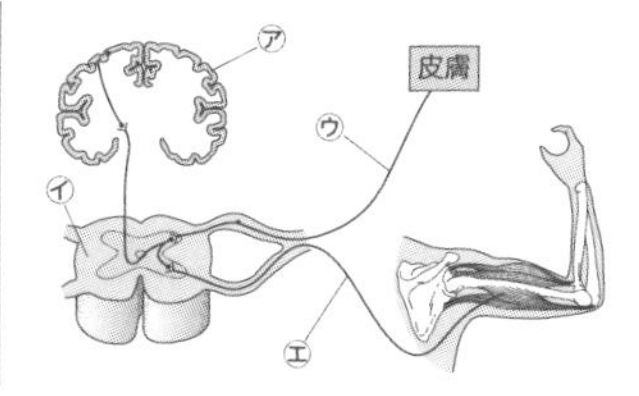

(1) 反応1，反応2で，刺激を受けてから反応を起こすまでの信号の伝わる経路を図の記号を使って表すと，それぞれどうなるか。次の**ア**～**エ**から選びなさい。

反応1（　ア　）　反応2（　イ　）

ア　皮膚→㋒→㋑→㋐→㋑→㋓→筋肉　　**イ**　皮膚→㋒→㋑→㋓→筋肉

ウ　筋肉→㋓→㋑→㋐→㋑→㋒→皮膚　　**エ**　筋肉→㋓→㋑→㋒→皮膚

(2) 反応2は，意識と関係なく起こる反応である。このような反応を何というか。

（　反射　）

実力アップ！

体循環と肺循環を区別しよう！

● **肺循環**…心臓→肺動脈→肺→肺静脈→心臓
肺では，血液中に酸素をとりこみ，二酸化炭素を出す。

● **体循環**…心臓→肺以外の全身→心臓
全身の細胞に酸素や栄養分を運び，二酸化炭素や不要物を受けとる。

3 (1)心臓を出て肺を通り，心臓にもどる経路を肺循環という。また，心臓を出て肺以外の全身を回り，心臓にもどる経路を体循環という。

(2)㋑は肺動脈で，血液は肺へ向かっている。㋒は大静脈で，血液は心臓へ向かっている。

(3)酸素を多くふくむ動脈血は，肺静脈㋐を通って心臓へ運ばれ，心臓から大動脈㋓を通って全身の細胞へ酸素を渡している。

(4)血液が，心臓から出ていく血管を動脈，心臓にもどる血管を静脈という。二酸化炭素を多くふくむ静脈血は，大静脈㋒を通って心臓にもどり，心臓から肺動脈㋑を通って肺に運ばれ，二酸化炭素が肺から体外へ出される。

4 (1)反応１は，考えて（意識して）行ったものなので，スニーカーを脱いで石を出すという命令の信号は脳から出されている。反応２は，意識と関係なく起こっているので，手を引っこめるという命令の信号は，脊髄から出されている。

(2)意識と関係なく起こる反応を反射という。反応２の反射では，感覚神経によって脊髄に伝えられた刺激の信号は，運動神経に伝えられると同時に脳にも伝えられる。そのため，反応２のような反射では，行動よりおくれて熱いということが意識される。

6日目 化学変化と原子・分子

要点を確認しよう p.26~27

1. ①化学変化　②分解　③電気分解　④炭酸ナトリウム　⑤陽極　⑥陰極
2. ①原子　②分子　③元素　④元素記号
3. ①化学式　②単体　③化合物

問題を解こう p.28~29

1 (1) 注意 純粋な水を分解するには大きな電圧が必要だが，水酸化ナトリウムをとかすと，小さな電圧で分解が進む。

(2) 重要 陽極には酸素が発生する。そのため，火のついた線香を入れると，線香が炎を上げて激しく燃える。

(3) 重要 陰極には水素が発生する。そのため，マッチの炎を近づけると，水素が音を立てて燃える。

(4)水素：酸素は，２：１の体積の割合で発生する。

(5)化学反応式で表すと，水の分子２個が，水素の分子２個と酸素の分子１個になる。化学反応式の右側と左側では，原子の種類と数が等しくなる。

2 (1)鉄と硫黄の反応では熱が発生し，加熱をやめても発生した熱で化学変化がそのまま進む。

(2)鉄と硫黄の混合物を加熱すると，硫化鉄という化合物ができる。硫化鉄は磁石に引きつけられない。

(3)硫化鉄にうすい塩酸を加えると，硫化水素が発生する。鉄と硫黄の混合物にうすい塩酸を加えると，鉄が塩酸と化学変化を起こし，水素が発生する。

(4)硫化鉄は，鉄原子と硫黄原子が１：１の数の割合で結びついてできる。

---

1 右の図のような装置を使って，少量の水酸化ナトリウムをとかした水を電気分解し，発生した気体について調べた。これについて，次の問いに答えなさい。 5点×5(25点)

(1) 水に水酸化ナトリウムをとかす理由を答えなさい。
（ 電流を流れやすくするため。 ）

(2) 陽極側のゴム栓をとり，火のついた線香を入れると，線香が炎を上げて激しく燃えた。この気体は何か。
（ 酸素 ）

(3) 陰極側のゴム栓をとり，マッチの炎を近づけると，音を立てて燃えた。この気体は何か。 （ 水素 ）

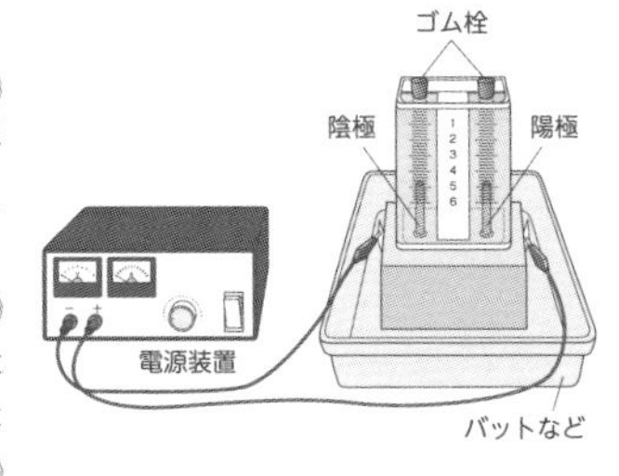

(4) 発生する気体の体積が大きいのは，陽極と陰極のどちら側か。 （ 陰極（側） ）

(5) この実験で起きた化学変化を，化学反応式で表しなさい。
（ $2H_2O \longrightarrow 2H_2 + O_2$ ）

2 次のような手順で，実験を行った。あとの問いに答えなさい。 5点×6(30点)

手順1 右の図のように乳鉢の中で鉄粉と硫黄を十分に混ぜ，この混合物を２本の試験管A，Bに分けて入れた。
手順2 試験管Aの上部を加熱し，上部が赤くなったら，加熱をやめた。
手順3 試験管A，Bそれぞれに，磁石を近づけた。
手順4 試験管A，Bの物質をそれぞれペトリ皿に少量とり，うすい塩酸を加えた。

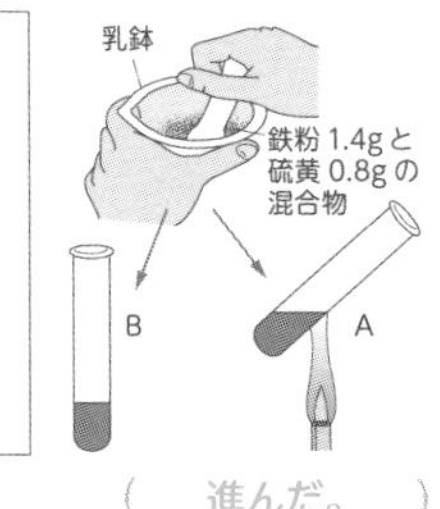

(1) 手順２で，加熱をやめた後，反応はどうなったか。 （ 進んだ。 ）

(2) 手順３で，磁石を近づけたとき，それぞれ，磁石に引きつけられるか，引きつけられないか。 A（ 引きつけられない。 ）B（ 引きつけられる。 ）

(3) 手順４で，うすい塩酸を加えたとき，それぞれ何という気体が発生したか。
A（ 硫化水素 ）B（ 水素 ）

(4) 鉄と硫黄の混合物を加熱したときの化学変化を，化学反応式で表しなさい。
（ $Fe + S \longrightarrow FeS$ ）

ポイント

化学変化での酸素のはたらきをまとめよう！

・水素と結びつく→水ができる。
・金属と結びつく→例：銅と結びつくと酸化銅ができる。
・物質が酸素と結びつく化学変化を**酸化**，酸化物から酸素がうばわれる化学変化を**還元**という。

4 ①化学反応式　②O_2　③$2H_2O$　④硫化鉄　⑤FeS　⑥酸化　⑦酸化物　⑧還元
5 ①発熱反応　②吸熱反応
6 ①質量保存の法則　②4：1　③3：2

3 右の図のようにして，塩化アンモニウムと水酸化バリウムの混合物に水を加えた後，フェノールフタレイン溶液をしみこませた脱脂綿（だっしめん）でふたをし，1分ごとの温度変化を調べた。これについて，次の問いに答えなさい。　5点×5（25点）

(1) 下線部の脱脂綿にはどのような変化が起こるか。（ 赤くなる。 ）

(2) この実験で，水を加えたときに発生した気体は何か。（ アンモニア ）

(3) 実験が進むにつれて，温度はどのように変化するか。（ 下がる。 ）

(4) (3)のような温度変化をしたのはなぜか。次のア，イから選びなさい。（ イ ）

ア 化学変化によって，物質から熱が発生した。

イ 化学変化によって，まわりから熱を吸収した。

(5) (4)のような化学変化を何というか。（ 吸熱反応 ）

水　温度計　水酸化バリウム　塩化アンモニウム

4 下の図のように，密閉（みっぺい）した容器の中で，炭酸水素ナトリウムにうすい塩酸を加えて化学変化を起こした。これについて，あとの問いに答えなさい。　5点×4（20点）

㋐容器全体の質量をはかる。　㋑容器を傾（かたむ）けて，気体を発生させる。　㋒もう一度，容器全体の質量をはかり，化学変化前と比べる。

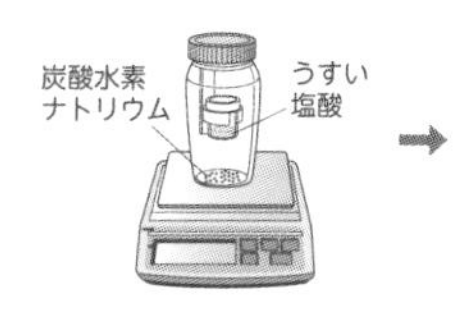

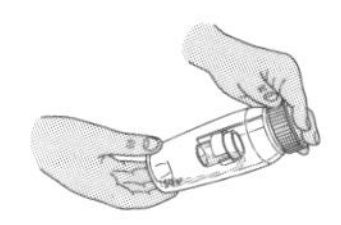

(1) 次の式は，炭酸水素ナトリウムにうすい塩酸を加えたときの化学変化を表したものである。①，②にあてはまる物質名を答えなさい。ただし，①は気体，②は液体である。

①（ 二酸化炭素 ）②（ 水 ）

炭酸水素ナトリウム ＋ 塩酸 ⟶ 塩化ナトリウム ＋ （ ① ） ＋ （ ② ）

(2) ㋒の容器全体の質量は，㋐の容器全体の質量と比べて，どのようになるか。（ 変わらない。 ）

(3) ㋒の後，容器のふたを開けてから容器全体の質量をはかった。その質量は，㋐の容器全体の質量と比べて，どのようになるか。（ 小さくなる。 ）

実力アップ！

発熱反応と吸熱反応を区別しよう！

●発熱反応…熱を発生する化学変化。
例：インスタントかいろ（鉄粉と酸素の反応）

●吸熱反応…熱を吸収する化学変化。
例：簡易冷却パック（炭酸水素ナトリウムとクエン酸水溶液の反応）

3 (1)(2) 注意 塩化アンモニウムと水酸化バリウムの混合物に水を加えると，アンモニアが発生する。フェノールフタレイン溶液は，アルカリ性の水溶液に加えると赤色になる。

(3)アンモニアが発生するときに温度が下がる。

(4)(5) 参考 まわりから熱を吸収する化学変化を吸熱反応という。この実験の化学変化は，次のようになる。

水酸化バリウム＋塩化アンモニウム⟶塩化バリウム＋アンモニア＋水（熱）

4 (1) 参考 炭酸水素ナトリウムにうすい塩酸を加えると，塩化ナトリウムと水ができ，二酸化炭素が発生する。このときの化学変化は，次のようになる。

炭酸水素ナトリウム＋塩酸⟶塩化ナトリウム＋二酸化炭素＋水

(2) 重要 質量保存の法則により，化学変化の前後で物質全体の質量は変化しない。そのため，㋐と㋒の容器全体の質量は変化しない。

(3)容器のふたを開けると，発生した二酸化炭素は容器の外へ出ていく。

7日目 電流とその利用

要点を確認しよう p.30~31

1. ①直列回路 ②並列回路 ③電流 ④電圧 ⑤抵抗 ⑥オームの法則 ⑦RI ⑧I_a+I_b ⑨V_a+V_b ⑩R_a+R_b ⑪導体 ⑫絶縁体

問題を解こう p.32~33

1 (1) 注意 並列回路では，どの抵抗にも電源と同じ電圧が加わる。

(2) 6Vの電圧が加わっているので，

$$\frac{6\,\text{V}}{20\,\Omega}=0.3\text{A}$$

(3) 点bを流れる電流は0.7Aなので，点aを流れる電流は，
0.7A－0.3A＝0.4A

(4) 抵抗器Rには6Vの電圧が加わり，0.4Aの電流が流れるので，

$$\frac{6\,\text{V}}{0.4\,\text{A}}=15\,\Omega$$

(5) ①②抵抗器R_1にも20Ωの抵抗器にも，電源と同じ電圧が加わる。
③④20Ωの抵抗器を流れる電流は変化せず，抵抗器R_1を流れる電流は大きくなるので，点aを流れる電流は大きくなる。また，これらが合流して流れている点bを流れる電流も大きくなる。

2 (1) 参考 発泡ポリスチレンは，熱を伝えにくい。

(2) $\frac{6.0\text{V}}{3.0\text{A}}=2\,\Omega$

(3) 6.0V×3.0A＝18W

(4) 6.0V×3.0A×300s＝5400J

(5)(6) 重要 (5)のように，流した時間を2倍すれば，水の上昇温度も2倍になる。また，(6)のように電力を$\frac{1}{3}$にすれば熱量も$\frac{1}{3}$になるため，同じ発熱量にするには，3倍の時間が必要である。

---

1 右の図は，20Ωの抵抗器と大きさがわからない抵抗器Rと6Vの電源を用いてつくった回路で，点bを流れる電流は0.7Aである。これについて，次の問いに答えなさい。 4点×8（32点）

(1) 20Ωの抵抗器に加わる電圧は何Vか。 （ 6V ）

(2) 20Ωの抵抗器を流れる電流は何Aか。 （ 0.3A ）

(3) 点aを流れる電流は何Aか。 （ 0.4A ）

(4) 抵抗器Rの抵抗の大きさは何Ωか。 （ 15Ω ）

(5) 抵抗器Rをより抵抗の小さい抵抗器R_1にとりかえた。
① 抵抗器R_1に加わる電圧は何Vか。 （ 6V ）
② 20Ωの抵抗器に加わる電圧は何Vか。 （ 6V ）
③ 点aを流れる電流は，どのように変化するか。 （ 大きくなる。 ）
④ 点bを流れる電流は，どのように変化するか。 （ 大きくなる。 ）

2 右の図のような装置で，電熱線に6.0Vの電圧を加え，3.0Aの電流を5分間流したところ，水の温度が12℃上昇した。これについて，次の問いに答えなさい。 4点×6（24点）

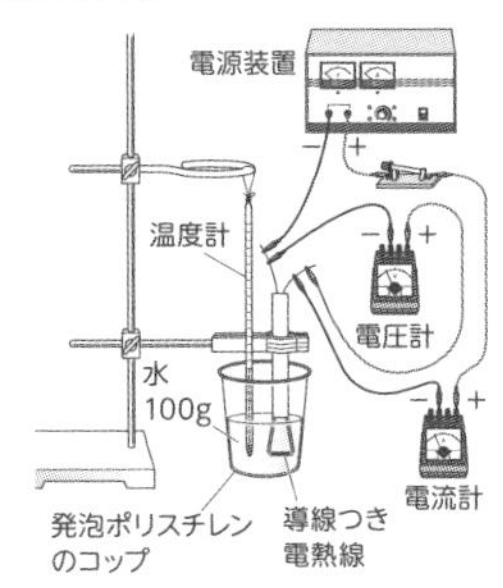

(1) この装置で，発泡ポリスチレンのコップを使うのはなぜか。 （ 逃げる熱量を少なくするため。 ）

(2) この電熱線の抵抗は何Ωか。 （ 2Ω ）

(3) 電熱線が消費した電力は何Wか。 （ 18W ）

(4) 5分間に電熱線から発生する熱量は何Jか。 （ 5400J ）

(5) 電流を流す時間を10分間にすると，水の温度は何℃上昇すると考えられるか。 （ 24℃ ）

(6) 電力を6Wにして，発熱量を(4)と同じにするには，電流を何分間流せばよいと考えられるか。 （ 15分間 ）

実力アップ！

回路による，電流，電圧の大きさを区別しよう！

●直列回路…各部分の電流は同じ。
各部分の電圧の和＝回路全体の電圧

●並列回路…各部分の電圧は同じ。
各部分の電流の和＝回路全体の電流

2　①電力　②熱量　③電力量

3　①磁界　②磁力線　③磁界の向き　④電磁誘導　⑤誘導電流　⑥直流　⑦交流

4　①静電気　②放電　③電子　④電子線　⑤放射線　⑥放射性物質

3 右の図のような装置で，磁石のN極をコイルに近づけると，検流計(けんりゅうけい)の針が左に振(ふ)れた。これについて，次の問いに答えなさい。　4点×6（24点）

(1)　①～③のとき，検流計の針は，右，左のどちらに振れるか。

①　磁石のN極をコイルから遠ざける。（　右　）

②　磁石のS極をコイルに近づける。（　右　）

③　磁石のS極をコイルから遠ざける。（　左　）

(2)　磁石のN極をコイルに入れずに，コイルの上を水平に，左から右へ動かした。このときの検流計の針は振れるか。

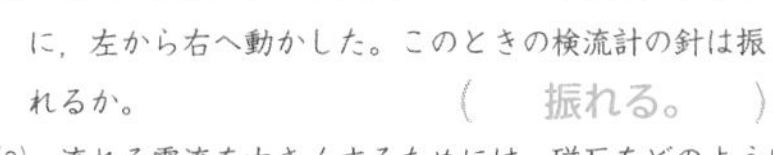

（　振れる。　）

(3)　流れる電流を大きくするためには，磁石をどのように動かせばよいか。

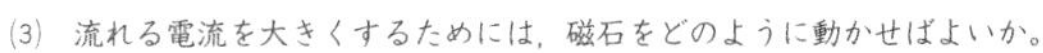

（　速く動かす。　）

(4)　磁石をコイルに近づけたまま静止させたところ，検流計の針が振れなかった。その理由を簡単に書きなさい。（　コイルの中の磁界が変化しないから。　）

−端子　＋端子　検流計　N

4 次のような手順で，摩擦(まさつ)によって生じる電気の性質を調べた。これについて，あとの問いに答えなさい。　4点×5（20点）

手順1　ストローA，Bをティッシュペーパーでこすった。

手順2　図1のように，ストローAを，ストローBに近づけた。

手順3　図2のように，手順1で使ったティッシュペーパーを，ストローBに近づけた。

図1　a　b　ストローB　ストローA　細いストロー　洗濯(せんたく)ばさみ

図2　a　b　ストローB　ティッシュペーパー

(1)　図1で，ストローBは，a，bのどちらに動くか。（　a　）

(2)　図2で，ストローBは，a，bのどちらに動くか。（　b　）

(3)　ストローBは，−の電気を帯びている。ストローAとティッシュペーパーは，それぞれ＋，−のどちらの電気を帯びているか。　ストローA（　−　）　ティッシュペーパー（　＋　）

(4)　(3)のように，摩擦によって物体にたまった電気を何というか。（　静電気（摩擦電気）　）

3　(1)①N極を近づけるときと遠ざけるときとでは電流の向きが逆になる。

②N極を近づけるときとS極を近づけるときとでは電流の向きは逆になる。

③S極を近づけるときと遠ざけるときとでは電流の向きが逆になる。

(2)N極を近づけると針が左に振れ，N極が遠ざかると針が右に振れる。

(3)コイルの動きを速くすると，コイルの中の磁界の変化が大きくなる。

(4)コイルに電流が流れるのは，コイルの中の磁界が変化するからである。

4　(1)同じ種類の電気を帯びたストローどうしはしりぞけ合う。

(2)異なる種類の電気を帯びたストローとティッシュペーパーは引き合う。

(3)ふつう，物体は電気を帯びていないが，物体どうしを摩擦すると，−の電気を帯びた粒子（電子）が一方へ移動し，一方が＋の電気をもち，もう一方が−の電気をもつ。この場合は，ストローに−の電気がたまり，ティッシュペーパーに＋の電気がたまる。

(4)参考　重ね着した服を脱ぐときのパチパチという音や，摩擦した下敷きに髪の毛が引きつけられたりするのも，静電気によるものである。

静電気の性質をまとめよう！

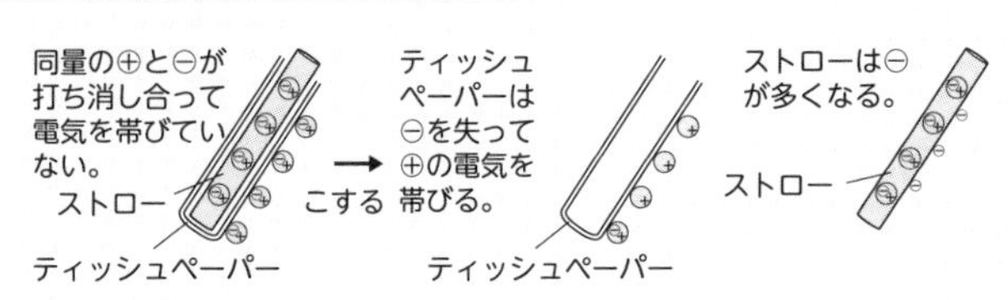

8日目 天気とその変化

要点を確認しよう p.34~35

1 ①気象 ②気象要素

2 ①圧力 ②気圧 ③等圧線 ④天気図 ⑤高気圧 ⑥低気圧 ⑦上昇気流 ⑧下降気流

問題を解こう p.36~37

1 (1) 参考 天気記号の⦶は晴れを表す。矢ばねの向きは風向，矢ばねの数は風力を表す。

(2)雲量が0～1は快晴，2～8は晴れ，9～10はくもりを表す。

(3) 注意 乾球の示度は，湿球と同じか，あるいは高くなる。

(4)18℃－13℃＝5℃

(5)乾球18℃と，乾球と湿球の示度の差5℃の交わるところの値が湿度となる。

2 (1) 重要 質量100gの物体にはたらく重力の大きさが1Nであることから，質量1600gの物体にはたらく重力の大きさは16N。

(2)A…0.2m×0.1m＝0.02m^2
B…0.2m×0.4m＝0.08m^2
C…0.1m×0.4m＝0.04m^2

(3)A…16N÷0.02m^2＝800Pa
B…16N÷0.08m^2＝200Pa
C…16N÷0.04m^2＝400Pa

(4)圧力が最大のとき，スポンジのへこみ方が最大になる。

(5)この物体にはたらく重力とこの物体を下に押す力の大きさの和をxNとすると，

$\frac{x\text{N}}{0.08\text{m}^2}$＝1000Paより，$x$＝80

したがって，この物体を下に押す力の大きさは，
80N－16N＝64N

---

1 図1は，ある地点のある日時の天気・風向・風力を天気記号で表したものである。図2はこのときの乾湿計の乾球と湿球を，図3は湿度表の一部を表している。これについて，あとの問いに答えなさい。 4点×7(28点)

図1 図2 図3

図3

乾球〔℃〕	乾球と湿球の差〔℃〕 3	4	5	6	7
21	73	65	57	49	42
20	72	64	56	48	40
19	72	63	54	46	38
18	71	62	53	44	36
17	70	61	51	43	34

(1) 図1の天気記号から，この地点の天気・風向・風力をそれぞれ答えなさい。
天気(晴れ) 風向(北西) 風力(3)

(2) (1)の地点の雲量は，どの範囲か。次のア～ウから選びなさい。 (イ)
ア 0～1 イ 2～8 ウ 9～10

(3) 図2の乾球の示度は何℃か。 (18℃)

(4) 図2の乾球と湿球の示度の差は何℃か。 (5℃)

(5) 図2と図3から，湿度を求めると何%になるか。 (53%)

2 右の図のように，質量1600gの直方体の物体をスポンジの上に置いた。質量100gの物体にはたらく重力の大きさを1Nとして，次の問いに答えなさい。 4点×9(36点)

(1) この物体にはたらく重力の大きさは何Nか。 (16N)

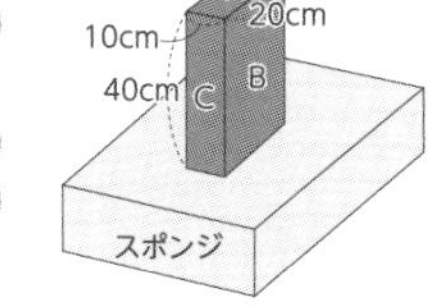

(2) A～C面の面積はそれぞれ何m^{2}か。
A(0.02m^2) B(0.08m^2) C(0.04m^2)

(3) A～Cの各面を下にして置いたとき，スポンジに加わる圧力の大きさはそれぞれ何Paか。
A(800Pa) B(200Pa) C(400Pa)

(4) スポンジのへこみ方が最大になるのは，A～Cのどの面を下にして置いたときか。 (A)

(5) B面を下にして置き，スポンジに加わる圧力を1000Paにするには，この物体を何Nの力で下に押せばよいか。 (64N)

なるほど！理科

力の大きさが同じときの，スポンジのへこみ方をまとめよう！

・力を受ける面積が小さい→圧力の大きさが大きい
　→スポンジのへこみ方が大きい。
・力を受ける面積が大きい→圧力の大きさが小さい
　→スポンジのへこみ方が小さい。

3 ①露点　②飽和水蒸気量　③湿度　④雲

4 ①気団　②前線面　③前線　④停滞前線　⑤寒冷前線　⑥温暖前線　⑦閉塞前線　⑧偏西風

5 ①季節風　②シベリア気団　③小笠原気団　④西高東低　⑤台風

3 下の図は，ある地点での3日間の天気と気温・湿度・気圧を3時間おきに測定した結果を表したものである。これについて，あとの問いに答えなさい。　4点×4（16点）

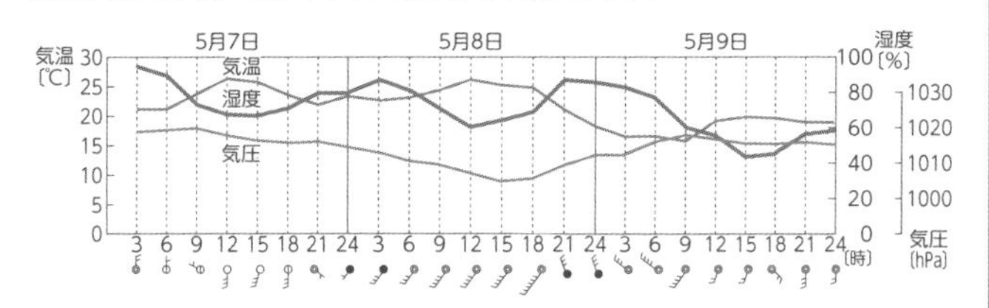

(1)　この3日間の間に，ある前線が通過していったと考えられる。その前線名を答えなさい。
（　寒冷前線　）

(2)　(1)の前線の通過は，何日の何時ごろか。次の**ア**～**ウ**から選びなさい。（　イ　）

ア　7日の15～21時ごろ　**イ**　8日の18～24時ごろ　**ウ**　9日の9～12時ごろ

(3)　(2)のように考えられる理由を，次の**ア**～**エ**からすべて選びなさい。（　イ，エ　）

ア　通過後，気温が上がった。　**イ**　通過後，気温が下がった。

ウ　通過後，風向が南寄りになった。　**エ**　通過後，風向が北寄りになった。

(4)　7日の12時と8日の12時は気温が同じだが，湿度が異なる。1 m^3あたりの空気中の水蒸気量が多いのは，7日の12時と8日の12時のどちらか。（　7日の12時　）

4 右の図は，日本付近のある時期の特徴的な天気図を示したものである。これについて，次の問いに答えなさい。　4点×5（20点）

(1)　この天気図は，春，夏，秋，冬のうちのどの季節を示したものか。（　冬　）

(2)　この天気図のような気圧配置を何というか。
（　西高東低　）

(3)　(1)の季節において，日本の天気に影響を与える気団はどれか。次の**ア**～**ウ**から選びなさい。（　ウ　）

ア　小笠原気団　**イ**　オホーツク海気団　**ウ**　シベリア気団

(4)　(1)の季節のとき，太平洋側と日本海側ではどのような天気が多く見られるか。次の**ア**～**エ**からそれぞれ選びなさい。　太平洋側（　ア　）日本海側（　エ　）

ア　晴れて，乾燥（かんそう）している。　**イ**　晴れて，湿度が高い。

ウ　雪が降り，乾燥している。　**エ**　雪が降り，湿度が高い。

3 (1)～(3)寒冷前線が通過すると，急に気温が下がり，短時間に雨が降り，風向が南寄りから北寄りに変わる。

(4)飽和水蒸気量は気温によって変化する。7日の12時と8日の12時は気温が同じだから，飽和水蒸気量も同じである。そのため，湿度が高い7日の12時のほうが，1 m^3あたりの空気中の水蒸気量が多い。

4 (1)(2)等圧線が縦になっていて，西の大陸に高気圧，東の太平洋側に低気圧があることから，冬の西高東低の気圧配置である。

(3)(4)冬の日本は，冷たく乾燥したシベリア気団の影響を強く受ける。シベリア気団からふき出す季節風が，日本海を渡（わた）るときに大量の水蒸気をふくむことにより，日本海側は大量の雪が降り，湿度が高い。一方，太平洋側は晴れて，乾燥する。夏の日本は，小笠原気団におおわれ，高温で蒸し暑い晴天の日が続く。初夏の日本は，オホーツク海気団と小笠原気団がぶつかって停滞前線ができるため，長期間のつゆ（梅雨）となる。

実力アップ！

寒冷前線と温暖前線を区別しよう！

- 寒冷前線…積乱雲が発達。強い雨が，せまい範囲に短時間降る。
  通過後は，北寄りの風がふき，気温が下がる。
- 温暖前線…乱層雲や高層雲が発達。弱い雨が，広い範囲に長時間降る。通過後は，気温が上がる。

8日間ふりかえりシート

このテキストで学習したことを，❶～❸の順番でふりかえろう。

❶各単元の 問題を解こう の得点をグラフにしてみよう。
❷得点をぬったらふりかえりコメントを書いて，復習が必要な単元は復習の予定を立てよう。
復習が終わったら，実際に復習した日を記入しよう。
❸すべて終わったら，これから始まる受験に向けて，課題を整理しておこう。

❶得点を確認する

	学習日	単元	0	10	20	30	40	50	60	70	80	90	100
1日目	/	いろいろな生物とその共通点											
2日目	/	身のまわりの物質											
3日目	/	身のまわりの現象											
4日目	/	大地の変化											
5日目	/	生物の体のつくりとはたらき											
6日目	/	化学変化と原子・分子											
7日目	/	電流とその利用											
8日目	/	天気とその変化											

0点～50点 ／ファイト！＼　51点～75点 ／もう少し！＼　76点～100点 ／合格◎＼

▶得点と課題

0点～50点 復習しよう！
まだまだ得点アップできる単元です。「要点を確認しよう」を読むことで知識を再確認しましょう。確認ができたらもう一度「問題を解こう」に取り組んでみましょう。

51点～75点 もう少し！
問題を解く力はあります。不得意な内容を集中的に学習することで，さらに実力がアップするでしょう。

76点～100点 合格◎
問題がよく解けています。「要点を確認しよう」を読み返して，さらなる知識の定着を図りましょう。

②の記入例

ふりかえりコメント	復習予定日	復習日	点数	
苦手意識あり。攻略のキーワードをヒントにして，もう一度「問題を解こう」を解く！	6月10日	6月13日	90/100点	1回目
				2回目

② ふりかえる

ふりかえりコメント	復習予定日	復習日	点数	
	月　日	月　日	/100点	1回目
	月　日	月　日	/100点	2回目
	月　日	月　日	/100点	3回目
	月　日	月　日	/100点	4回目
	月　日	月　日	/100点	5回目
	月　日	月　日	/100点	6回目
	月　日	月　日	/100点	7回目
	月　日	月　日	/100点	8回目

③ 受験に向けて，課題を整理する

受験勉強で意識すること

-
-
-
-

受験勉強では苦手を
つぶせるかが勝負！
何を頑張るか，
見える化しておこう！

ぼくは計算問題
を特訓する！

1 0 9 8 7 6 5 4 3 2 * * D C B